Osprey Aircraft of the Aces

Korean War Aces

Robert F Dorr
Jon Lake
Warren Thompson

Osprey Combat Aircraft

オスプレイ軍用機シリーズ
38

朝鮮戦争航空戦のエース

[著者]
ロバート・F・ドア
ジョン・レイク
ウォーレン・トンプソン
[訳者]
藤田俊夫

大日本絵画

カバー・イラスト／イアン・ワイリー　　フィギュア・イラスト／マイク・チャペル
カラー塗装図／クリス・デイヴィー　　スケール図面／マーク・スタイリング
ジョン・ウィール

カバー・イラスト解説
15機を撃墜して朝鮮戦争でアメリカ空軍2位のエースとなるジェイムズ・ジャバラ少佐は、1953年5月26日、義州（ウィジュ）上空の高高度で16機のMiGの編隊に真正面から向かっていった。この日、彼は第4迎撃戦闘航空団、第334迎撃戦闘飛行隊の4機編隊を率いて、MiG通りをパトロール中に、鴨緑江を横切っている共産軍の大編隊を発見した。彼は躊躇することなく、ロシアのジェット機群に正面から挑み、銀色の戦闘機群を大空に四散させた。この飛行任務でジャバラは撃墜2機を報じ——ジェット機1機は撃墜され、他の1機はジャバラの積極果敢なコリジョン・コース［衝突コース］の攻撃から逃げようとして急横転から操縦不能に陥り墜落した。この2機は彼の8機目と9機目の戦果だった。

凡例
■本書に登場する各国軍の航空組織については以下のような日本語呼称を与え、必要に応じて括弧内の略称を用いた。
米空軍（USAF＝United States Air Force）米陸軍航空隊（USAAF）
Command→航空軍団。Air Force→航空軍：Far East Air Force→極東空軍（FEAF）。
Wing→航空団：Fighter Intercepter Wing→迎撃戦闘航空団（FIW）／Fighter Bomber Wing →戦闘爆撃航空団（FBW）／Fighter Escort Wing→護衛戦闘航空団（FEW）。
Group→航空群：Fighter Intercepter Group→迎撃戦闘群（FIG）／Fighter Bomber Group→戦闘爆撃群（FBG）／ Fighter Escort Group→護衛戦闘群（FEG）/Bomber Group→爆撃群（BG）。
Squadron→飛行隊：Fighter Intercepter Squadron→迎撃戦闘飛行隊（FIS）／Fighter Bomber Squadron→戦闘爆撃飛行隊（FBS）／ Fighter Escort Squadron→護衛戦闘飛行隊（FES）/Fighter（All Weather）Squadron→全天候戦闘飛行隊｛F（AW）S｝/Bomber Squadron→爆撃飛行隊（BS）。
Flight→小隊。
米海軍（USN＝United States Navy）
Air Group →航空群／Carrier Air Group→艦載航空群
Squadron→飛行隊：Fighter Squdron→海軍戦闘飛行隊（VF）／Composite Squadron→海軍混成飛行隊（VC）
米海兵隊（USMC＝US Marine Corps）
Marine Fighter Squardon→海兵戦闘飛行隊（VMF）／Marine Attack Squadron→海兵攻撃飛行隊（VMA）／Marine Night Fighter Squardon→海兵夜間戦闘飛行隊｛VMF（N）｝／Marine Composite Squadron→海兵混成飛行隊（VMC）
英国空軍（RAF＝Royal Air Force）／英国海軍航空隊（FAA＝Fleet Air Arm）
オーストラリア空軍（RAAF）
南アフリカ空軍（SAAF）
カナダ空軍（RCAF）
ソ連空軍
PVO→防空戦闘航空軍
Frontal Aviation→戦術航空軍
IAK→戦闘航空軍団
IAD→戦闘飛行師団
IAP→戦闘機連隊／GvIAP→親衛戦闘機連隊
■搭載火器については、口径20mmに満たないものを機関銃、それ以上を機関砲と記述した。
■その他、本書で使用した略号。WW2→第二次大戦
■本書中の訳注は［　］内に記した。

訳者注記：本書は複数の筆者の手になる著作で、数値や見解に若干の相違が見られる箇所もありますが、編集上、統一しておりませんことをご了承下さい。

翻訳に当たっては「Osprey Aircraft of the Aces 4 Korean War Aces」の1999年に刊行された版を底本としました。［編集部］

目次 contents

6	1章	プロペラ機からジェット機へ from props to jets
16	2章	ミグ参戦 enter the MiG
39	3章	第51迎撃戦闘航空団 51st fighter intercepter wing
69	4章	秀でたセイバー superior sabre
94	5章	ソ連のエースとMiG-15 soviet aces and the MiG-15

101	付録 appendices
101	アメリカ航空部隊別敵機撃墜者氏名と撃墜数
50	カラー塗装図 colour plates
104	カラー塗装図解説
65	パイロットの軍装 figure plates
111	パイロットの軍装解説

chapter 1
プロペラ機からジェット機へ
from props to jets

　1950年6月25日の日曜日の夜明け前、降りきしる雨の中を北朝鮮は9万人の兵士とロシア製のT-34戦車数百両とで韓国へ侵攻した。侵攻の空中支援は、ラーヴォチキンLa-7戦闘機、イリューシンIℓ-10シュトルモヴィク攻撃機、ヤコヴレフYak-3、Yak-7、Yak-9戦闘機、Yak-18練習機などの150機のプロペラ軍用機が担った。また、おそらく誤報と思われるが、6年前に武器貸与法によってソ連に2456機が送られたベルF-63キングコブラ戦闘機を、北朝鮮が使用しているとの報告もあった。

　当時の極東におけるアメリカの主力戦闘機はロッキードF-80Cシューティングスター・ジェット戦闘機だった。アメリカ空軍の極東空軍の司令部は東京にあり、司令官はジョージ・E・ストラトメイヤー中将だった。極東空軍傘下の第5航空軍はエール・E・パートリッジ少将の指揮下にあり、配下に、日本の板付基地に第8戦闘爆撃航空団（F-80C装備）と、第68全天候戦闘飛行隊（F-82装備）が、三沢基地にはF-80C装備の第49戦闘爆撃航空団、東京に近い横田基地にはF-82装備の第339全天候戦闘飛行隊がいた。沖縄には第51迎撃戦闘航空団（F-80C装備）と第4全天候戦闘飛行隊（F-82装備）、近くのグアムにはボーイングB-29爆撃機がいた。

　もっとも手近な空母は香港近海を航行している空母「ヴァレーフォージ」（CVA-45）で、グラマンF9F-3パンサー装備の第51、第52米海軍戦闘飛行隊と、ヴォートF4U-4Bコルセア装備の第53、第54海軍戦闘飛行隊を搭載していた。2隻目の空母「フィリピンシー」（CVA-47）も戦域に向けて航行中であった。

　侵攻当日、韓国のアメリカ大使ジョン・J・ムッツィオはワシントンに、たったいま、4機の北朝鮮のYak-9戦闘機がソウルの金浦空港を襲ったと打電、"確実かつ速やかな行動"を要請した。

　ハリー・S・トルーマン大統領は、まず、アメリカ市民避難の護衛のみ

1950年6月25日、北朝鮮は南の韓国への攻撃を始めた。同国空軍はレシプロエンジンで駆動されるプロペラ機約150機からなり、ラーヴォチキンLa-9戦闘機、イリューシンIℓ-10シュトルモヴィク攻撃機、ヤコヴレフYak-7、Yak-9戦闘機、Yak-18練習機を装備していた。下の写真は装備の典型的な例で、第二次大戦末期の古強者、重装甲で知られたソ連のIℓ-10地上攻撃機である。戦争の初期に少なからぬ数のラーヴォチキン、イリューシン、ヤコヴレフが国連軍のF-80やF-82によって空から一掃された。数週間後、戦局が逆転、国連軍の地上軍が北朝鮮の飛行場を蹂躙、このIℓ-10は他の同型機2機とともに捕獲された。3機はニューヨーク州バッファローのコーネル航空研究所で詳しく調査され、オハイオ州ライトパターソン空軍基地にて米空軍の手で飛行試験を受けた。(Cornell Aero Lab)

に兵力使用を認可した。6月26日、板付基地よりF-82Gツインマスタングがソウル/仁川(インチョン)区域を哨戒するために発進した。最初の哨戒のひとつで、第68全天候戦闘飛行隊の2機のF-82が数機のLa-7の接近を受けた。ウィリアム・「スキーター」・ハドソン中尉は分隊(エレメント)(2機編隊)に落下燃料タンクの投棄を命令、北朝鮮軍用機に向かっていった。共産軍のパイロットはこの好戦的な行動にはるか彼方から射撃を浴びせる対応を見せたが、その射撃は標的のF-82を大きく外して、戦闘を離脱していった。朝鮮戦争での最初の空中戦は、真の交戦なしに終わった。

しかしながら、翌日は6機もの空中戦果があり、F-80とF-82が戦果の半々をあげた。アメリカ空軍のパイロットは21日間に(7月20日まで)20機を撃墜、海軍の同僚はさらに2機を加えた。さらなる戦果は、1950年11月の仁川(インチョン)上陸作戦で戦争の流れが変わり、国連軍が北進する後までなかった。

F-82の参入
Enter the F-82

1950年6月27日、北朝鮮の戦闘機の群れが金浦飛行場に飛来した。その日、F-82Gを装備する第339全天候戦闘飛行隊の指揮官ジェイムズ・W・「ポーク」・リトル少佐は戦場上空にいたパイロットのひとりだった。第339全天候戦闘飛行隊と第4全天候戦闘飛行隊は、板付基地の第68全天候戦闘飛行隊を補強し、F-82によってそれまでで最大の戦力を構成した。その数は20機から22機であった。

「ポーク」・リトルは第二次大戦の中国・ビルマ・インド(CBI)戦域において第23戦闘群第75戦闘飛行隊でエースの座を獲得していたが、その部隊はAVG(米義勇航空群)「フライング・タイガーズ」の直系だった。彼は零戦6機と機種不詳の爆撃機1機の計7機の勝利を収めており〔零戦は陸軍の一式戦闘機の誤認である。詳細は本シリーズ第21巻『太平洋戦線のP-40ウォーホークエース』31頁を参照〕、いまや、さらなる空中戦での勝利の記録を飛行記録(Form Five)に記入しようとしていた。リトル少佐は朝鮮戦争で最初に発砲したアメリカ人と公認されているが、しかし、最初の空戦での勝利者の座を競う2人のうちのひとりではなかった。

ハドソン中尉とカール・フレーザー中尉はツインマスタング(シリアルナンバー46-383)愛称「バケット・オーボルツ」(BUCKET O' BOLTS=おんぼろ自動車)に搭乗し

米空軍の極東における主力戦闘機の名誉を担う、ロッキードF-80Cシューティングスターであったが、ノースアメリカンF-82Gツインマスタングも朝鮮戦争が勃発した1950年6月25日の米極東航空軍に3個飛行隊が配備されていた。空軍では初期のツインマスタングを2人のパイロットで操縦させるという、ばかばかしい配置で運用していた。しかし、レーダーを装備したF-82G夜間戦闘機型では、右座席はパイロットの替わりにレーダー手が搭乗した。写真のF-82G(シリアルナンバー46-383)は第68全天候戦闘飛行隊所属で、パイロットはウィリアム・「スキーター」・ハドソン中尉、レーダー手(RO)はカール・フレーザー中尉である。本機は1950年6月27日にYak-7Uを1機撃墜、朝鮮戦争で空戦による初公式戦果をあげた。写真は、この歴史的な機体が1950年12月に北朝鮮へと向かう途中の日本上空で撮影されたもの。手前側胴体の、風防の左斜め前方に赤い星の撃墜マークが描かれていることに注目されたい。
(Samuel Goldstein)

戦争の初期の段階で、実戦参加した米極東航空軍のF-82の部隊のひとつが、沖縄・那覇基地の第4全天候戦闘飛行隊である。写真の機体は、部隊長ジョン・シャープ中佐の搭乗機で、「コール・ガール(Call Girl)」と名づけられた。
(Cecil Marshall)

F-82G、46-357はチャールズ・モラン中尉の乗機で、1950年6月27日にツインマスタングが撃墜した北朝鮮のプロペラ戦闘機3機のうちの1機を、彼が落とした時の機体である。モランの乗機は空戦で損傷を受けずにはすまされなかった。このスナップ写真で見ると、北朝鮮のラーヴォチキン戦闘機のパイロットからの攻撃で尾部に被弾している。当時、空戦場面にいた者にとって、3人のパイロット、「スキーター」・ハドソン、「ポーク」・リトル、チャーリー・モランのうち誰が朝鮮の戦いで最初に勝利を得たのかは、永遠にわからないだろう。(via Tom Ivie)

「バケット・オーボルツ（Bucket O' Bolts）」はハドソンとフレーザーがヤコヴレフ戦闘機を撃墜した時の乗機であるが、しかしながら、その機体の名づけ親は彼らではなかった。彼らが名づけ親となる名誉に浴した機体は、下の写真で示すように、名誉にふさわしく飾り立てられたF-82Gである。この細部写真が撮られた1950年秋には、「スキーター」・ハドソンは大尉に昇進していた。(Carl Fraser)

て戦闘に入った。彼らは2日連続で金浦飛行場の防衛任務に当り、複座のYak-7Uを撃墜した。この勝利は、通常は、朝鮮戦争での最初の撃墜戦果にあげられている。しかし、ツインマスタングのパイロット、チャールズ・B・モラン中尉が最初であったかも知れないのだ。

レーダー手のフレーザーは「バケット・オーボルツ」の交戦をこう回想している。

「2機の北朝鮮の戦闘機が低い雲から現れて、チャーリー・モランとフレッド・ラーキンズが乗る小隊の4番機を追尾し出した時、我々は金浦飛行場上空を旋回していた。北朝鮮人の射撃の腕前は昨日の戦闘よりまして、チャーリーの尾部に命中した。

「我が機のパイロット『スキーター』・ハドソンは、回り込んで彼らの隊長機の尾部についた。敵は我々が彼の尻尾にいることに気づくと、散らばっている雲の中に上昇して突っ込み、我々を振り放そうとした。幸いにも、我々は敵に近接していたので、彼の姿を雲の真ん中でも目視できた。我が方の最初の一撃は胴体後部に当り、破片が飛び散った。ヤクのパイロットは右への急旋回で回避したが、我々はもう一撃を右主翼に浴びせた。今度は燃料タンクに火がつき、右フラップと補助翼がもげた。この間に我々は敵との距離が近づきすぎていたので、ほとんど衝突しそうになった。

「パイロットが周囲を見渡して偵察員に何かいうのが、私にはっきり見えた。それから、彼は風防を後にずらし、主翼の上に出た。彼は機体内部に向かい、ふたたび偵察員に何かいったが、偵察員は怖かったのかそれとも負傷していたのか、飛び降りようとはしなかった。ヤクのパイロットは機体がひっくりかえり墜落する寸前に落下傘のリップコードを引き、落下傘が主翼から彼を引き離した。

「この動作は1000フィート（300m）以下で起こった。後に我々はモランが機尾のヤクから逃れ、失速したことを知った。彼は立ち直った時に、自分が他のヤクのぴったり後部に位置しているのを見いだし、その機を撃墜した」

第339全天候戦闘飛行隊指揮官のリトル少佐は金浦上空のはるかな高みで競技場のトラックを回るような旋回飛行を続けていたが、下での交戦を見ており、ハドソン小隊のチャールズ・B・モラン中尉（46-357機に搭乗）から、彼が撃たれたというのを聞いた。「ポーク」・リトルは2機のツインマスタングを率いて戦闘に参加するため降りていった。

先述のように、モランは急に失速から立ち直り、操縦を回復して2機目のヤクを撃墜した。数分のうちに、リトル少佐も他の北朝鮮軍戦闘機を撃墜、第339全天候戦闘隊の他の2人のパイロットも勝利を申告した。しかし、だれも彼らの撃墜を確認できなかったので、彼らの戦果は撃墜未確認とされた。モランの撃墜はハドソンの撃墜より、数分、いや、数秒前に起きていたかも知れないことを示唆する証拠があり、事実、前だった。"最初の"撃墜公認は後者にわたるべきではなかった。

てんてこ舞いだった1950年夏の三沢基地における第68全天候戦闘飛行隊の列線風景。右端は46-383「バケット・オーボルツ」で、本機はこの写真が撮られた数週間後に、朝鮮戦争での最初の撃墜を成し遂げる。多くのツインマスタングの機首に愛称が描かれている点に注目。
(George Deans)

　ツインマスタングは朝鮮の空を牛耳る機体の候補者にはおぼつかないように思える。ジェット機ではないし、それに有名なプロペラ機ですらない。機体は2機のXP-51Fの胴体（広く報じられてるようなP-51Hではない）を武装を装備した大きな中央翼でつなぎあわせ、前後縁の平行な一体型の大きな水平尾翼を付け加えて出来上がっていた。胴体はラジエータのちょうど後部から4フィート9インチ（1.4m）延長され、垂直尾翼の面積も増大された。動力は2基の液冷2270馬力のアリソンV1710レシプロエンジンで、トルクを打ち消すためにたがいに反対方向に回転するプロペラをつけ、これでツインマスタングは最大時速460マイル（740km/h）／高度21000フィート（6400m）を出した。極東で使用された型式はふたつの胴体の間に吊下されたSCR-720C探索レーダーを装備したF-82G夜間戦闘機だった。第4全天候戦闘飛行隊のダグラス・E・スミス中佐はいう。「我が部隊の機は、カルフォルニア州のノースアメリカン社の工場で1946年から1948年まで列をなして座り込んでいて、空軍が何か有益な任務を考えつこうとするのを待っていた」。これらの光沢のある黒色の戦闘機は1951年半ばにジェット機と交替するまで、第4、第68、第339全天候戦闘飛行隊で引き続き戦闘に使用された。

　F-82Gツインマスタングは夜間作戦用に光沢のある黒色に塗られ、文字、尾翼のシリアルナンバーとバズナンバーはインシグニアレッドに塗られていた。第4、第68、第339全天候戦闘飛行隊の機体はしばしば垂直尾翼に部

ジェイムズ・W・「ポーク」・リトル少佐はF-82Gを装備する第339全天候戦闘飛行隊の隊長で、1950年6月27日にLa-7を1機撃墜して、第二次大戦時の撃墜7機の記録に戦果を加算し、1951年春には、彼は板付基地の第68全天候戦闘飛行隊の隊長に転属した。この写真は彼の新しい部隊の下士官とのショット。前列中央の3人のみ、つまり、先任下士官、リトル少佐、副官のラナルド・アダムズ中尉だけが、新しく独立した米空軍を象徴するシェード84ブルーの制服を着用している。その他の全員は陸軍から引き継いだカーキ色の"アイク"・ジャケット（勤務服）と褐色のつばをつけたホイールハットを着用している。
(via Randall Adams)

隊の隊章を描き、ある機体は「ミッドナイト・シナー」（MIDNIGHT SINNER＝真夜中の罪人）、「アワー・リル・ラス」（OUR LI'L LASS）とか、「ダケーク」（DAQUAKE）の愛称をつけていた。胴体や、時には落下燃料タンクに描かれた斜めの帯が、飛行隊や飛行群の区別、あるいは航空団司令官の機体であることを示した。

F-82Gは口径.50インチ（12.7mm）のコルト・ブローニングM3機関銃6挺を中央翼に装備、ふたつの発動機のプロペラの弧の間を発射し、搭載弾数は1挺当たり400発だったが、第68全天候戦闘飛行隊の副官であるロナルド・アダムズ中尉にいわせれば「それはたくさんの弾薬だった」。

朝鮮戦争が始まった時、F-80Cシューティングスターは極東地域におけるアメリカの主力戦闘機だった。パイロットは本機が地上攻撃用途機のなかでその任務に最適であることを認識したが、ジェット機は北朝鮮のプロペラ機のラーヴォチキンやヤコヴレフを運動性で凌駕することができず、また、初期のアメリカ・ジェット機は空からの地上攻撃に爆弾やロケット弾を搭載するようには装備されていなかった。これらのF-80Cは第8戦闘爆撃航空団に所属、本航空団はアメリカ空軍のジェット機部隊で最初に実戦参加し、敵機を撃墜した部隊である。これらの戦闘は戦争が始まった最初の週に発生し、本航空団は安全な日本の板付基地より行動した。しかし、上の写真が撮られた1951年の初頭には、航空団は戦場により近く、簡素な水原（スウォン；K-13）基地［米軍は朝鮮半島内の飛行場に識別のためK-××と番号をつけた］に移動し、任務についていた。写真の機体は第80戦闘爆撃飛行隊「ヘッドハンターズ（Headhunters）」（殺し屋）の所属である。(W G Sieber)

朝鮮戦争の3日目、最初の空戦が起こった日はまだ幕が降りておらず、板付基地の第8戦闘爆撃航空団の第35戦闘爆撃機飛行隊、愛称「パンサーズ（Panthers）」のロッキードF-80が敵機を撃墜した最初のジェット飛行隊となった。本航空団は3個部隊から構成され、第35戦闘爆撃飛行隊は機体のトリムが青、愛称なしの第36戦闘爆撃飛行隊は赤、第80戦闘爆撃飛行隊「ヘッドハンターズ（Headhunters）」は黄色だった。

本航空団はF-82部隊の保護にも責任を負っていた。レイモンド・E・シラーフ大尉は4機のF-80を率いて最初にソウル地区に飛行、金浦飛行場でアメリカの輸送機の荷作業を妨害しているイリューシンIℓ-10攻撃機のカルテットをとらえ、4機のIℓ-10全部を撃墜した。シラーフ大尉とロバート・H・デウォールド中尉は各1機撃墜、ロバート・E・ウェイン中尉は残る2機のIℓ-10の撃墜を認められた。しかしながら、攻撃側はソウル市空港に駐機していた韓国空軍（RoKAF）のノースアメリカンT-6テキサン練習機7機を破壊した。

ロッキードF-80シューティングスターは1943年に設計され、アメリカ最初の実用ジェット戦闘機だった。朝鮮戦線で使用されたF-80Cは当初、推力4600ポンド（2090kg）のアリソンJ33A-23を搭載していたが、C型の後期生産型は推力5400ポンド（2450kg）のJ33-A-35を搭載した。武装は12.7mm機関銃6挺を機首に搭載、弾丸は1挺当たり300発だった。極東航空軍のF-80Cは迎撃戦闘機として配属されていたので、当初、主翼下に爆弾懸吊架を欠いていた。しかし、すぐに両翼端に燃料タンク、1000ポンド（450kg）爆弾、主翼下にロケット弾8発のいずれかを搭載できるように改造された。だが、この改造で払わねばならぬ代償があった。重心位置の関係で、対地攻撃用のF-80Cは機銃弾1800発すべてを搭載できなかった。F-80Cは朝鮮では第8、第49戦闘爆撃航空団、第51迎撃戦闘航空団に配備された。

シラーフ大尉や他のF-80乗りによるジェット対プロペラ機の空中戦での勝利にもかかわらず、シューティングスターが北朝鮮空軍に対処するに適切な航空機とはだれも確信していなかった。パイロットの幾人かはF-80のようなジェット機は燃料を使いすぎるし、皮肉にもヤクやラーヴォチキンとの空中戦には速すぎると思っていた。AP通信社によるある記事では、

F-80は高速パスから引き起こすには時速40マイル（64km/h）も速すぎ（明かに誇張である）、ヤクは簡単にアメリカ製ジェット機の旋回半径の内側で旋回できると報告されていた。

F-80を使用する第8戦闘爆撃航空団はこれらの問題を、ちょっと目新しい方法で克服しようと試みた。12.7㎜弾は満載するが、爆弾やロケット弾は一切搭載せず、ソウル近くを漢江（ハンガン）まで飛行し、高度10000フィート（3050m）で旋回する哨戒作戦を立案した。これならば、機体は15分から20分間現場に止まれ、もし敵機が現れれば相手をすることができるし、もし現れなかったらF-80は板付基地に帰還する前にソウルを急襲して、敵の地上交通網に対して一ないし二撃を浴びせる。

1950年6月28日の朝までには、北朝鮮陸軍はソウル周囲の抵抗を破り、首都に殺到していった。

トルーマン大統領はマッカーサー元帥にアメリカ人のみを避難させる権限を与えた。最初、航空作戦は韓国の空域と日本とグアムの基地からに限定され、ダグラスB-26爆撃機、ボーイングB-29爆撃機、ロッキードF-80やノースアメリカンF-82が侵攻に対抗した。

板付基地のスクラップの山から、なかば引退したノースアメリカンF-51Dの少数が廃棄を免れて、F-80からF-51に機種変換中の古巣、第8戦闘爆撃航空団に再配属された［朝鮮戦争の前線では、ジェット機よりレシプロエンジンのF-51の方が戦場上空の滞空時間が長く、地上攻撃に適した兵器を搭載できたので、8月より古い装備に逆戻りした］。上の写真の「パッション・フィト（PASSION FIT）」はその1機で、第80戦闘爆撃飛行隊の黄色の尾翼帯をつけており、ドン・ロバートソン中尉の乗機である。ロバートソンの当時の飛行隊仲間には1950年6月29日にＩℓ-10 2機を撃墜したオルリン・R・フォックスがいた。(Don Robertson)

増加するF-80の撃墜
More F-80 Kills

1950年6月29日、北朝鮮パイロットは水原（スウォン）を爆撃、掃射した。この攻撃の大部分は戦闘機の哨戒で妨げられ、その朝、F-80Cのパイロットのウィリアム・T・ノリスとロイ・W・マーシュの両中尉はLa-7とIℓ-10を各1機撃墜した。その日の午後には、同じ飛行場で爆弾が命中、ダグラスC-54輸送機1機が完全に破壊された。金浦空港の主ターミナル・ビルもまた爆撃や掃射で穴だらけにされた。

6月29日にはF-51も戦場に初参加、リチャード・J・バーンズ中尉がＩℓ-10 1機を撃墜、オルリン・R・フォックス少尉は2機を撃墜した。午後にはF-51のパイロット、ハリー・T・サンドリン中尉がLa-7を1機撃墜した。

6月30日には板付基地よりのF-80が北朝鮮の戦闘機とふたたび交戦、チャールズ・A・ワースターとジョン・B・トーマス（2人とも第8戦闘爆撃航空団、第36戦闘爆撃飛行隊所属）が各々Yak-9を1機ずつ撃墜した。それまでには、北朝鮮はソウルのほとんど全部を制圧、ムッツィオ大使と館員は大使館の放棄を余儀なくされ、水原から脱出した。その水原は数日のうちに蹂躙された。

この危機に、ワシントンはマッカーサーに朝鮮半島の「航空基地、物資集積場、タンク貯蔵所、歩兵隊列、および橋梁などの純軍事目標に対して」アメリカの空軍力を自由に行使する権限を与える決定を下した。24時間のうちにマッカーサーはアメリカ地上軍を参戦させる権限を得て、ウィリア

F-80装備の第8戦闘爆撃航空団で2番目にマスタングに逆戻りした部隊は、第35戦闘爆撃飛行隊「パンサーズ（Panthers）」で、部隊の所属機は全面銀の機体に青の帯をつけた。リチャード・J・バーンズ中尉はオルリン・フォックスがＩℓ-10を1機撃墜した同じ日に飛行隊での最初の空中戦果をあげた。上のほほ笑んでいる地上員の姿は、国連軍が共産軍の釜山（プサン）の囲みを撃ち破った直後に金浦（キンポ）飛行場で撮られた。(James Tidwell)

1950年6月25日に朝鮮戦争が勃発した時には、空母「ヴァレーフォージ」（CVA-45）は空母航空群とともに香港付近を航行中であり、2隻目の空母「フィリピンシー」（CVA-47）は戦域に向かう途中であった。「ハッピーヴァレー」[CVA-45の愛称]の航空群はグラマンF9F-3を装備する第51海軍戦闘飛行隊と第52海軍戦闘飛行隊、ヴォートF4U-4Bを装備する第53海軍戦闘飛行隊と第54戦闘飛行隊から構成されていた。1950年7月3日、第51海軍戦闘飛行隊のパンサー乗り、E・W・ブラウン少尉とレナード・プロッグ中尉はYak-9を1機ずつ撃墜した。(Douglas)

このグラマンF9F-2Bパンサー（BuNo123713）は、現役に編入された予備飛行隊、第721海軍戦闘飛行隊の所属で、空母「ケアサージ」（CVA-33）に搭載された。「ケアサージ」は1952年8月11日から1953年3月17日の間に、ただ一度の朝鮮への戦闘航海を行った。

ム・F・ディーン少将配下の第24歩兵師団を日本から釜山に移動させた。国連安全保証理事会はソ連のボイコットにもかかわらず議事を進め、韓国防衛を支持する決議案を可決した。16カ国が共産主義者と戦う軍隊を派遣、アメリカ、オーストラリア、英国は軍用機を派遣することになる。南アフリカは戦闘飛行隊を送り、アメリカのF-51を借用、カナダはアメリカ空軍部隊に交換勤務としてパイロットを派遣した。

6月30日、日本の岩国に基地を置くオーストラリア空軍（RAAF）第77飛行隊のF-51Dが韓国防衛に参加を命令された。1週間後、部隊は最初の損害を受けた。7月7日、G・ストラウト少佐のマスタング（シリアルナンバーA68-757）が地上砲火により被弾、北朝鮮沿岸沿いの任務から帰還できなかった［これは地上攻撃任務での急降下から引き起せなかったため。豪空軍出撃番号は「9」］。その間に、継続している北朝鮮の進軍と北朝鮮の空からの脅威に対応するために、連合航空軍がマッカーサー、ストラトメイヤー、パートリッジの下に具体化した。韓国に群がるヤコヴレフ、ラーヴォチキンやイリューシンのパイロットはソ連を後見として飛行を習得しており、多くが第二次大戦の戦闘のベテランで、日本帝国統治下で軍隊経験を有していた。北朝鮮人は"エース"の概念に注意を払わず、空戦での勝利を対地爆撃よりも重要で称賛に値するとは見なさなかった。

1950年7月3日、第51海軍戦闘飛行隊「スクリーミング・イーグルズ」の8機のグラマンF9F-3パンサーは空母「ヴァレーフォージ」の木製の甲板から発進、平壌飛行場への攻撃を護衛しに向かった。これはアメリカ海軍ジェット機による初の戦闘任務であり、平壌上空の混戦で、E・W・ブラウン少尉とレナード・プロッグ中尉はYak-9を1機ずつ撃墜、第51海軍戦闘飛行隊の他の2人のパイロットは地上でヤクを破壊した。

海軍は空軍に比べて後退翼戦闘機を採用するのが遅れて、朝鮮には1機も送れず、直線翼のパンサーが戦争期間を通して標準的な"船乗りの"戦闘機を務めた。海軍／海兵隊は推力5000ポンド（2270kg）のプラット・アンド・ホイットニーJ42-P-6（ロールスロイス・ニーンのライセンス生産型）つきF9F-2、

この編隊写真は極東航空軍の朝鮮戦争投入1周年直後に撮られたもので、主要参戦機4機種が一度だけの記念飛行に駆り出された。先頭を飛ぶのは間もなく引退する第68全天候戦闘飛行隊のF-82G、その右はF-82の後継機F-94B。ツインマスタングの左は、第35迎撃戦闘航空団のF-80C、最後尾は第4迎撃戦闘航空団のF-86A。4機種すべてが共産側航空機に対して程度の差はあるものの、成功を収めた。(via Jerry Scutts)

このF-51Dは1950年8月に鎮海（チンヘ；K-10）に基地を置いた第67戦闘爆撃飛行隊のマーキングをつけている。主翼の下にはHVAR（高速航空ロケット弾）6発を搭載、本兵器はこの戦争での攻撃部隊の主要兵器だった。飛行隊はルイス・J・セビール少佐に率いられて参戦、戦場に到着間もない少佐は、損傷を受けた乗機のF-51を、咸昌邑（ハムチャン）近くの川岸に掘られた敵兵の砲座に突入させて、議会名誉章を死後授与された。(Tom Shockley)

4600ポンド（2085kg）のアリソンJ33-A-8つきF9F-5と推力6250ポンド（2835kg）のプラット・アンド・ホイットニーJ48-P-6A（ロールスロイス・テイのライセンス生産型）ターボジェットエンジンつきF9F-5を使用した。主翼下に6つのパイロンつきの型は当初、F9F-2Bと命名され、パンサーのすべての型は20mm砲4門を装備していた。

水原は完全に陥落した。ダグラスC-54スカイマスターは最初のアメリカ地上部隊を空輸、彼らは北朝鮮軍のT-34戦車と対戦したが、準備不足であり、装備も不適切だったのであっさりと撃退され、北朝鮮軍の戦車部隊は進撃を続けた。

シューティングスターがヤクとの空戦に速すぎるというのなら、今回押し付けられた地上攻撃任務にも速すぎた。戦争初期から従軍している第8戦闘爆撃航空団のあるパイロットは「F-80は射撃や爆撃の時の安定性が非常によかったが、もし、敵への打撃を十分に期待するならすばやく逃げたり、回避動作ができないことは知っていた」と回想している［つまり、一定時間の射撃を続ける必要があるが、同時に対空砲の射撃の的となる時間も伸びることとなる］。戦いが悪い方から最悪になるにつれて、空戦で勝利を収められないパイロットは地上攻撃任務に挫折感をおぼえた。

17日間での最初で、かつ1950年7月17日の唯一の空戦での勝利は、F-80Cのパイロット、フランシス・B・クラーク大尉（第8戦闘爆撃航空団第35戦闘爆撃飛行隊）によるYak-9、1機撃墜であった。2日後に、同じくF-80Cのパイロットでエルウッド・A・キース少尉、ロバート・D・マッキー中尉とチャールズ・A・ワースター中尉（第8戦闘爆撃航空団第36戦闘爆撃飛行隊）の3人がYak-9を1機ずつ撃墜した。ロバート・E・ウェイン中尉に続いてワースターは空戦で2機を撃墜した2番目のアメリカ人になったが、これは1950年では

1951年、南アフリカ空軍第2飛行隊のF-51Dが駐機場から再度の地上攻撃任務にと出撃してゆく。本飛行隊固有の「飛行するチータ（Flying Cheetah）」部隊章が操縦席の下に見える。部隊章の上に三角形のペナントがあり、プロペラのボス（スピナー）が塗り離し分けられていることから、本機が第2飛行隊長機であることがわかる。

たった3人しかいなかった。

1950年7月20日、大田（テジョン）が進軍を続ける北朝鮮軍の手に落ちた。侵略者と海を隔てていたのは——兵士たちのいう釜山橋頭堡の北境界線——大邱の洛東江（ナクトンガン）だった［いわゆる釜山橋頭堡は洛東江の東側で、南北を洛東江、東西を大邱と浦項（ポハン）を結ぶ線のほぼ四角形の陣地］。その日、第8戦闘爆撃航空団第35戦闘爆撃飛行隊のF-80のパイロット、ディヴィッド・H・グットノー少尉とロバート・L・リー大尉はYak-9を1機ずつ撃墜した。朝鮮戦争は危機的状況にあった。しかし、その後11月1日までの103日間にわたって空戦による新たな戦果はなかった。

一方、地上での戦闘は国連軍優位に進行していなかったが、少なくとも北朝鮮はジェット機を保有せず、地上部隊への空からの支援は成功しなかった。戦闘の最初の月に20機の空戦戦果をあげた国連軍は、朝鮮半島の空から北朝鮮空軍を駆逐したと論理的に主張することができた。

英国軽空母「トライアンフ」から軍用機が戦闘に参加した。しかし彼らがただちに空中戦にまみえることはなかった。英国空軍のパイロットもアメリカの航空部隊やオーストラリア空軍の第77飛行隊に交換服務で勤務していた。

アメリカ海軍のパイロットは1950年7月22日までに、特に難しい釜山ポケット地帯の近接航空支援任務を遂行していた。

1950年8月1日、米空母「フィリピンシー」が朝鮮半島の沿岸に到着、護衛空母「バドンストレイト」（CVE-116）と「シシリー」（CVE-118）も加わった。空母フィリピンシーには、第111海軍戦闘飛行隊と第112海軍戦闘飛行隊（F9F-2パンサー装備）、第113海軍戦闘飛行隊と第114海軍戦闘飛行隊（F4U-4コルセア装備）と第115海軍攻撃飛行隊（ダグラスAD-4Qスカイレイダー装備）からなる第11艦載航空群（CAG-11）が搭載されていた。空母「バドンストレイト」にはF4U-4とF4U-4Bコルセアを装備する海兵隊の第323海兵戦闘飛行隊「デス・ラトラーズ（Death Rattlers）」が搭載され、第二次大戦のエース、ジェイムズ・J・サッチ大佐が艦長の空母「シシリー」にはF4U-4Bコルセアを装備した第214海兵戦闘飛行隊「ブラックシープ（Blacksheep）」が搭載されていた。まもなく、板付基地より、J・ハンター・ラインブルグ少佐が指揮する第513海兵夜間戦闘飛行隊（F4U-5N装備）が行動を開始した。これらの飛行隊が果たした任務は、今後3年間に他の部隊が続く作戦の典型となるものだった。

1950年8月5日、新任の第18戦闘爆撃航空団、第67戦闘爆撃飛行隊長ルイス・J・セビール少佐はF-51D/44-74394に搭乗、マスタングの一隊を率いて、咸昌邑（ハムチャン）近くの川岸沿いに掘られた北朝鮮軍の砲兵と歩兵の陣地を攻撃に向かった。セビールは目標を攻撃して機体を傾け、旋回して、無線で麾下の機体に機銃掃射を指示した。

対空砲火がマスタングの周囲で炸裂し、セビール機に当たった。彼は僚機に損害をチェックすることを命じた。僚機のパイロットは損害が甚大と判断、彼に大邱への帰還を促した。だが、そのかわりにセビールは目標に向けて機体を反転させ、6挺の機銃の火蓋を切った。この最終攻撃で多くの着弾が見られたが、彼は敵兵の集合地点に真っすぐ突っ込み、乗機のP-51はその真ん中で爆発した。この任務で一命を捧げたことにより、ルイス・J・セビール少佐は議会名誉勲章を死後授与され、朝鮮戦争に参加したパイロットで最初の受章者となった。

南アフリカ空軍の参戦
South Africans

1950年9月5日、南アフリカ空軍の朝鮮における役割は、第二次大戦のエース、S・ヴァン・ブレダ・サーオン少佐指揮下に第2「フライング・チーターズ（Flying Cheetahs）」飛行隊が編成されたことで始まった。この部隊はアメリカ空軍の第18戦闘爆撃航空団の一部として戦争の全期間をすごすことになり、低高度の爆撃・地上掃射任務で甚大な損害を被ることになるが、皮肉にも、この戦争期間中に空中戦でたった1機の戦果もあげられなかった。

［日本でF-51を受領、1950年11月から作戦行動を開始した。F-86Fには1953年1月から転換開始、2月22日より実戦に出動したが、ミグ撃墜の好機に恵まれぬうちに休戦を迎えた］

国連軍が押し戻される間に、マッカーサー将軍はソウル南方の仁川の背後に上陸する作戦「クロマイト」を計画した。進攻作戦は1950年9月15〜16日に決行され、海兵隊はただちに金浦空港を奪回、その後、速やかにソウルも奪回した。敵は混乱し、戦闘の最初の数週間に成功を収めた北朝鮮軍は防衛から退却に移った。第542海兵夜間戦闘飛行隊「フライング・タイガーズ（Flying Tigers）」は9月19日に金浦へ到着、双発複座のF7F-3Nタイガーキャット24機を戦列に揃えた。また、金浦には第212海兵戦闘飛行隊「ランサーズ（Lancers）」と第312海兵攻撃飛行隊「チェッカーボーズ（Checkerboards）」も到着した。この両部隊はF4U-4コルセアを装備していた。アメリカ空軍もまた、ソウル地区の主要飛行場に移動を始めた。

朝鮮戦域の洋上には10月8日に第31海軍戦闘飛行隊（F9F-2パンサー装備）、第32海軍戦闘飛行隊と第33海軍戦闘飛行隊（F4U-4コルセア装備）、第35海軍攻撃飛行隊（AD-3スカイレーダー装備）を搭載した米空母「レイテ」（CVA-32）が到着。朝鮮沿岸沖の英空母「テセウス」は英空母「トライアンフ」と交替、英国海軍はホーカー・シーフューリー戦闘爆撃機を第807飛行隊装備の形で導入できた。

1950年10月8日、2機のF-80がソ

第312海兵攻撃飛行隊「チェッカーボーズ（Checkerboards）」はF4U-4を装備して金浦飛行場に派遣された2個飛行隊のひとつである。飛行場は国連軍に奪回されたばかりで、あちこちに弾孔が散らばっていた。飛行隊は設営を終えると、共産軍を北朝鮮に押し戻す地上部隊の支援に休みなく出撃した。第312海軍攻撃飛行隊は急速に北に進軍する国連軍に追随、すぐに制圧した元山（ウォンサン）の飛行場に移動した。

連に迷い込み、飛行場を掃射した。後年になって、アメリカ人パイロットは、この"へま"をロシアを戦闘の圏外に止めておこうとする決意を表明するショーだと表現した。だが、実際は、この誤りはソ連を激昂させ、ミグMiG-15の2個防空飛行師団を含む1個防空軍団を旧満州（中国東北部）に移動させる決定に大きな影響を与えた。

10月13日には元山（ウォンサン）が国連軍の手に落ち、米海兵隊のタイガーキャットとコルセアはすぐに制圧した飛行場から作戦飛行任務についた。1週間後に平壌も陥落した。

chapter 2

ミグ参戦
enter the MiG

1950年11月1日、6機のジェット戦闘機がF-51Dマスタングを襲った。ジェット機は鴨緑江を越えてやってきたが、鴨緑江は中国との国境線であり、国連軍のパイロットは渡ることを禁止されていた。そのため、当初はこのミコヤン・グレヴィッチMiG-15ジェット戦闘機にほとんど注意を払っていなかった。11月1日は、また、第18戦闘爆撃航空団、第67戦闘爆撃飛行隊のアルマ・R・フレイクとロバート・D・スレッサーの両大尉が北朝鮮のレシプロ戦闘機を1機ずつ撃墜した日でもあった。なお、この敵戦闘機は公式記録にはYak-3と記録されている。

翌日、フレイクはYak-9 1機を撃墜して、計2機撃墜記録に達して、F-80乗りのロバート・E・ウェインとチャールズ・A・ワースターの記録に並んだ。同じ日、もう1機のYak-9をマスタングに乗る第18戦闘爆撃航空団、第12戦闘爆撃飛行隊のジェイムズ・L・グレスナー・Jr中尉が炎上させた。彼の乗機、シリアルナンバー45-11736はF-51D最終生産機から4機手前の機体だった。11月6日、第67戦闘爆撃飛行隊のもうひとりの隊員、ハワード・I・プライス大尉はYak-9 1.5機撃墜の戦果公認を得たが、0.5機はヘンリー・S・レイノルズ中尉との協同撃墜だった。

11月1日にマスタングのパイロットから報告された後退翼ジェット戦闘機については、G-2（参謀第2部、情報担当）や東京のマッカーサー司令部を含む西欧側の誰もがよく知らなかった。そのかわりに、アメリカ人たちは次のクリスマス前までに戦争を終わらせる計画に忙しかった。

1950年11月、北朝鮮上空で4機のソ連製のジェット機がF-51を襲った。MiG-15が戦場に初登場した。MiG-15は37mm砲1門と23mm砲2門を装備、いかなる国連軍側の戦闘機（F-86を含む）よりも高高度から空中戦に入れる手ごわい相手だった。戦闘に参加した初期のミグにはソ連空軍のパイロットが搭乗し、ソ連空軍は旧満州で戦闘機連隊単位で、前線勤務を交代させた。後には、中国人パイロットがMiG-15部隊の主力を占めた。下の機体は北朝鮮空軍の標準的マーキング（赤い輪の中に赤い星を描き、その外側に青の輪を描く）を施されている。だが、"地元"［北朝鮮］のパイロットは、1950〜1953年の紛争の最終期になってやっとMiG-15で飛行を始めた。(William H Myers)

MiG-15が朝鮮上空に出現した日に、第67戦闘爆撃飛行隊のF-51は2機のYak-3を撃墜、地味な存在のF-51はそれまでにあげた相当な戦果にさらなる戦果を加えた。上の写真は飛行隊の所属機で、鎮海（チンヘ）における戦いで疲弊している姿をとらえている。（Max Tomich）

1950年11月8日の史上最初のジェット機同士の空中戦で、ラッセル・ブラウン中尉がMiG-15を1機撃墜した直後の、乗機F-80C、49-737の操縦席における姿。ただし、ブラウンはこのミグ撃墜の際には、48-713に搭乗しており、キャノピーのレールにはジャック・スミスの名前があった。ブラウンは第26迎撃戦闘飛行隊所属だが、この時は[臨時勤務で]第16迎撃戦闘飛行隊で飛行しており、両飛行隊ともに第51迎撃戦闘航空団に属していた。（USAF）

F-80Cのパイロットのひとりで、第51迎撃戦闘航空団、第25迎撃戦闘飛行隊の隊長であり、また、第二次大戦で撃墜1.5機の記録をもつクルーレ・スミス中佐は、ガンカメラにMiG-15の姿を捉えて出撃任務から帰還した。だが、誰もが、敵が中国人なら何を飛ばしていようが問題だとは思わなかった。結局、ここは北朝鮮なのだ。

この前提はまったく間違っていた。しかし、MiG-15は戦闘空中哨戒ではロシア人によって操縦されており、まれに、国連軍側がVHF無線通信でロシア語を傍受した時には、ソ連人顧問がパイロットの手助けをしている会話なのだと推測された。戦争のこの段階における事実は違っていた。機首を赤く塗ったロシアのMiG-15は、常時ロシア人によって整備され、飛行していたのだ。

朝鮮に出現した時、西欧側にとって謎だったMiG-15は、ソビエト・ロシアのミコヤン・グレヴィッチの設計局名を取って命名された、後退角35度の主翼をもつ中翼単葉機であった。機体の形態はF-86セイバーの開発に寄与したのと同じ、ドイツの後退翼研究の成果に幾分か基づいていた。ミグの初飛行（1947年12月30日）はセイバーに遅れることちょうど90日で、ジェット機は当初、推力4500ポンド（2040kg）のRD-45Fターボジェットを動力としていたが、このエンジンは英国のロールスロイス「ニーン」に示唆されたもので、この英国の革命的エンジンは第二次大戦直後にソ連に数基[契約は30基]売却されたものだった。武装は37mm NS-37機関砲1門と、23mm NS-23またはNR-23機関砲（NRの方が発射速度が早い）2門で、最大速度は高度10000フィート（3050m）で時速640マイル（1030km/h）だった。[N-37 37mm砲の発射速度は400発/分、携行弾数40発。NS-23は発射速度550発/分、NR-23の発射速度は950発/分で、携行弾数はいずれも1門当り80発]

1950年11月8日、ラッセル・J・ブラウン中尉は、通常は第51迎撃戦闘航空団、第16迎撃戦闘飛行隊のジャック・スミス中尉に割り当てられているF-80Cシューティングスター（49-0713、エレーネ）[原書のママ。左の写真解説では48-713となっている]に搭乗、金浦からの飛行任務についていた。なお、ブラウン中尉は[沖縄駐留]第25迎撃戦闘飛行隊所属だったが、この日は[TDY（臨時勤務）で]第16迎撃戦闘飛行隊で任務についていた。彼と僚機は約半ダースのMiG-15に対して積極果敢に向かってゆき、敵編隊を分散させ、5機をあわてて鴨緑江を越えて安東（現・丹東）方向に戻ってゆかせた。6機目のミグは間違えた針路で編隊を離脱、ブラウンのF-80のすぐ下に出現した。

「この野郎！」とブラウンは大声で罵り、「奴をやりに行くぞ！」と宣言し

た。彼は操縦桿を前に倒し、MiG-15の背後に急降下した。彼の機銃は1挺を除いて故障していたが、残った12.7mm機銃の射撃を浴びせかけ、相手機に命中させて火を噴かせた。ミグは炎に包まれて錐揉みしながら落ちていった。これが、史上初のジェット機対ジェット機の空中戦での勝利だった。［ロシア側の記録では、第72親衛戦闘機連隊の2個小隊がF-84とF-80に攻撃されたが、損失はなかった。唯一の交戦は、カリトノフ中尉機が1機のF-80に攻撃されたものだが、彼は急降下で逃げてその最中に増槽タンクを吹き飛ばしたものの、低高度で共産側空域に無事到着したという記載だったという。アメリカ側は認めていないが、ロシア側の記録では、11月1日にミグとF-80とが安東上空で遭遇して、1機のF-80を撃墜している。なお、本書ではブラウンはただ1挺の機銃しか使用可能でなかったとしているが、6挺全部を使用したする記述が通常である］

F-80Cのパイロットは半ダースのミグを撃墜したが、直線翼で遠心式ジェットエンジンのシューティングスターは、速やかに対地攻撃任務に追いやられた。上の写真の機体は、青い機首、胴体と尾翼に赤の帯をつけた第51迎撃戦闘航空団、第16迎撃戦闘飛行隊所属機で、歴史的なミグ撃墜をあげたブラウン中尉はこの部隊のジェット機に搭乗していた。

11月9日、MiG-15はボーイングRB-29を被弾・不時着させ、搭乗員5名が死亡した。しかしながら、RB-29スーパーフォートレスの銃手のひとり、第91偵察飛行隊のハリー・J・ラヴェン三等軍曹はミグの1機を首尾よく撃墜できた。翌日、MiG-15は別のB-29を鴨緑江付近で撃墜した。

11月10日、海軍のF9F-2パンサーのパイロット、ウィリアム・トーマス・エイメン少佐はMiG-15 1機を撃墜、この第111海軍戦闘飛行隊（空母「フィリピンシー」搭載）の隊長は敵機を低高度で仕留めた［ロシア側の記録は交戦で第139親衛戦闘機連隊のミハイール・F・グラチョーフ大尉が未帰還と認めており、ロシアの歴史家のなかには、相互の記録が一致するので、エイメンを史上初のジェット機同士の空中戦における勝利者にしたらどうかという意見もある］。だがなお、国連軍は強力に武装したジェット機の重要性と、ロシア人の役割を把握することができずにいた。

中国は衝撃的な動員をかけて50万人の軍隊を北朝鮮に送り込んだ。11月26日から中国兵の大群が前線を越えて攻撃をしてきた。これは連合国情報部の専門家が"うっかり職務を怠っていた"間の一夜にして起き、国連軍は目覚めると、自分たちが少なくとも中国軍50個師団と相対していることを知った。

いまや、約400機のソ連製MiG-15戦闘機が鴨緑江の北側で待機していた。連合国側にはMiG-15に対抗できる戦闘機はなく、空からアメリカのB-26やB-29の爆撃機群を駆逐して航空優勢を争う態勢と見られた。だが、この当時MiG-15は世界最高の迎撃戦闘機であったにもかかわらず、戦闘爆撃機としての能力は欠いていた。ミグは軽量な戦闘機であり、大きくもなく、構造も複雑ではなかったので、朝鮮では長距離任務には使用されなかった。朝鮮戦争の期間中に前線上空へ姿を見せないことは注目された。だが、単一用途の戦闘機であることは、MiG-15が空中戦の舞台を支配しようと思った時の妨げにはならなかった。ミグが北の空を支配することを妨げるものは何もなく、B-26、B-29、F-80やF-84のような航空機をほとんど好きな

1950年11月10日、ウィリアム・トーマス・エイメン少佐は米海軍のグラマンF9F-2パンサーに搭乗、低高度でMiG-15 1機を撃墜。翌日この写真が撮影された。エイメンは第111海軍戦闘飛行隊「サンダウナーズ（Sundowners）」の隊長で、本部隊は、当時、空母「フィリッピンシー」搭載の第11航空群所属だった。エイメンのパンサーの風防レールには彼の機体の機長と兵装員の名前がある。ジェット機の4門の20mm砲はMiG-15に装備されている同口径砲より高い発射率で、戦闘では致命傷を与えた。（US Navy）

ように撃墜して、国連軍側の爆撃作戦を無力化できた。

セイバー見参
Sabre Debut

　ブラウン中尉が勝利を収めたその日、アメリカ空軍はデラウェア州ウィリミントン郡の第4迎撃戦闘航空団に荷造りをして、部隊に配備されたノースアメリカンF-86Aセイバーとともに移動するよう命令を出した。それまでは、後退翼ジェット戦闘機は防空航空軍団が独占して、北アメリカをソビエト連邦からの仮想攻撃に対して防衛していた。

　ノースアメリカンF-86はドイツの後退翼研究を生かした最初のアメリカ戦闘機だった。昼間戦闘機として開発され、A型は当初、推力4850ポンド（2200kg）のジェネラル・エレクトリックJ47-GE-1軸流式ジェットエンジンを動力としており、海面高度で最大時速707マイル（1138km/h）を出せた。セイバーの1号機（XP-86）は1947年10月14日にチャック・イェーガーがベルX-1で最初に"公式な"超音速飛行を行う以前に音より早く飛んだかもしれなかった［ノースアメリカン社のテスト・パイロット、ジョージ・ウェルチが1947年10月1日のXP-86の初飛行で、急降下中に音速を越えたというが、状況証拠だけでデータが未発見］。武装は12.7mm口径の機銃6挺。時とともにセイバーは改良され、世界の一流戦闘機になったが、第4迎撃戦闘航空団などに配属されている初期型のF-86Aは技術上の問題を数多く抱えていた。

　ジョージ・F・スミス大佐を司令とする第4迎撃戦闘航空団は、アメリカ空軍で最高のジェット戦闘機乗りの幾人かを擁していることを誇りにしており、彼らの多くは第二次大戦のベテランだった。航空団傘下の第4迎撃戦闘群は第二次大戦第8航空軍の2番目のエース、ジョン・C・メイヤー大佐に率いられていた。所属飛行隊は第334「ピジョンズ（Pidgeons）」（後、「イーグルズ（Eagles）に改名」）、第335「チーフス（Chiefs）」、第336「ロケッティアーズ（Rocketeers）」だった。第4迎撃戦闘航空団のF-86Aは保護膜に覆われ、護衛空母「ケイプエスペランサ」（CVE-88）に吊り上げられて搭載され、1950年12月1日につつがなく日本の横須賀に到着した。

　その月の後半に中国空軍のMiG-15が——実際はソビエト空軍のジェット機だったが——攻撃を徹底し始めた。多くの国連軍軍用機がソ連戦闘機に対して無力だったが、それでも国連軍機は何機かのミグ戦闘機に一矢を報いることに成功した。たとえば、1950年12月12日、F-80Cに乗るエヴァン・ローゼンクランズ中尉はミグに損害を与えたという公認戦果を得た。彼は以下のように回想している。

　「午後早く、我々4機のF-80は鴨緑江の朝鮮側にある新義州飛行場を攻撃するシューティングスターの上空援護任務で飛行していた。きれいに晴れ上がった日で、中国側からの対空砲火をできるだけ避けるようにしていたが、ミグが安東から離陸してくるのが見えた。短時間で対空砲火は止み、12機のミグが我々の2000ないし3000フィート（600から900m）下方に見え、4機が左方向、4機が右方向、4機が我々の背後にいた。

　「小隊長の私は右にじりじりと寄り始め、右方の4機の下にもぐりこんで、劣勢を挽回しようとした。その時、我々はおおよそ北西寄りの針路を飛行していたが、我々の左手の4機が攻撃をかけてきた。我々は落下燃料タン

1950年12月12日、エヴァン・W・ローゼンクランズ中尉は、P-80Cで新義州（シンウィジュ）上空でMiG-15に損傷を与えるという難事を成し遂げた。後退翼の共産側戦闘機と、直線翼のアメリカ・ジェット機との交戦は、アメリカ側のパイロットによれば、「共産主義者による新しいかたちの航空戦」と報告されたが、それはミグが1機ずつやってくるかわりに、1小隊が同時に向かってきたからだった。（USAF）

クを投棄し、左に回避した。4機目のミグが通過すると、右手の4機が攻撃をかけてきて、我々は右に回避した。3小隊のミグはすべて、各小隊ごとに次から次へと、糸のように繋がって攻撃してきたことを付記したい。ふたたび4番機が通過すると、最初に背後にいた4機が攻撃してきた。私は発砲し、その小隊の4番機が通りすぎる間に、彼の機首から排気管にかけて被弾させてやった。生き延びたミグどもは安東に帰っていった」

だが、F-80で戦線を永久に保持できるわけはなかった。12月13日、メイヤー大佐は、第4迎撃戦闘航空団のF-86Aの先遣隊をジョンソン基地（入間基地）から韓国の金浦基地に進めた。ダグラスC-54スカイマスター輸送機が支援要員を空輸したが、彼らは基地がほとんど住むに適さないこと発見した。基地はF-86Aを取り扱うように整備されてなく、戦闘機の数は2週間で32機に増加したものの、近づいてくる中国義勇軍の先陣についての情報は、士気の向上にはほとんど役立たなかった。結局、極端な冬の悪天候がパイロットたちにセイバーでの初出撃を数日間延期することを余儀なくさせた。

12月17日、降雪と低くかすめる雲はやっと雪に覆われた金浦基地の北に去り、第336迎撃戦闘飛行隊「ロケッティアーズ」の隊長で、身長1m87cmの長身なブルース・H・ヒントン中佐が、「ベイカー小隊」の4機を率いて鴨緑江上空に航空団初の哨戒飛行を開始できるようになった。ヒントン中佐の乗機はF-86A、49-1236「スクアニー（Squanee）」で、編隊はファイター・スイープ（戦闘機掃滅）と知られるようになる任務についた。これは共産主義者のミグを空中におびき寄せるための餌でもあった。鴨緑江沿いの地域は、じきにミグ通りとして知られるようになる［ミグ通りは北は鴨緑江、南は清川江の間、鴨緑江河口近くの安東～新義州、鴨緑江上流の楚山、清川江上流の熙川、その下流で黄海に入る河口近くの新安州の4地点を結ぶ線で囲まれた不等辺四角形の地帯］。

中国人（実際はロシア人）はヒントンのセイバーをどうも低速のF-80と見誤ったようだった。僚機からミグがこちらにやってくると知らされたヒントンは、敵ジェット機4機と交戦するため小隊を旋回させた。ミグは彼の部隊の飛行航路の1マイル（1.6km）先を横切り、ヒントンは落下燃料タンクを投棄せよと命じようとして、自機の無線が故障しているのに気づいた。彼が落下燃料タンクを投棄し、小隊の先頭で加速するにつれて混乱が生じた。ヒントンはすばやくミグの分隊2機の後に回り込んだが、ミグのパイロットはどうやら背後の戦闘機を簡単に引き離せると思ったようだった。ヒントンはミグの分隊長を追って急降下し、敵機をその6時の方角、すなわち真後ろにとらえることができた。彼は一撃を浴びせ、破片らしきものがミグから飛散するのが見えた。敵ジェット機は液体、おそらく燃料を放出した。

次いで、ヒントンはミグの2番機にとりかかり、敵のジェットの排気にあおられてしまうほどに接近してした。自機の位置を調整し、長い射撃を浴びせると、ミグのエンジンに命中した。ヒントンは左旋回で相手機の背後に止まり、ロシア戦闘機の姿をじっくりと見物した。彼は敵機に近づき、引き金を引きっぱなしにして、さらなる射撃を加えた。ミグの後部胴体は炎に包まれ、横転して、地面に落ちていった。機体は鴨緑江の10マイル（16km）南東に墜落、パラシュートを使用した形跡はなかった。ブルース・

朝鮮戦争でミグ戦闘機をセイバーによって初めて撃墜した人物はブルース・ヒントン中佐で、彼は1950年12月17日に上の写真のF-86A-5、49-1236で成し遂げた。ヒントンは第4迎撃戦闘航空団、第336迎撃戦闘飛行隊長で、鴨緑江上空での本航空団初の戦闘パトロールに部隊を率いて出撃した時に歴史的な撃墜をあげた。攻撃してきた4機のミグは、どうやら、4機のセイバーをシューティングスターと誤認したらしかった。上の写真はヒントンが勝利を収めてから約5カ月後に撮られたものである。（Malcolm Norton）

ヒントンはこうしてF-86の空中戦果第1号をあげた。そしてF-86は撃墜数を増してゆくことになる。

だが、この勝利はたやすくあげられたものではなかった。ヒントンはセイバーの搭載する全弾1802発のほとんど全部を消費した。彼は積極果敢に戦い、アメリカ人のパイロットが、たいていは中国の相手よりもずっと腕がよいことを示した。しかし、同時に彼はMiG-15を空から叩き落とすのが、いまいましいほど難しいことも証明した。

12月19日、第334迎撃戦闘飛行隊の隊長でセイバー乗りのグレン・T・イーグルストン中佐はMiG-15 1機に損害を与えた。これは、第二次大戦中に彼が欧州の第353戦闘航空群であげた撃墜18.5機に加えるにささやかな戦果だった。12月23日、ミグは8機のセイバーの一隊に高空から攻撃を加え、ローレンス・V・バック大尉のF-86Aを撃墜した。彼の機体は主翼の付け根に機関砲の弾を受け、炎に包まれて錐揉みで落ちていった。ミグがF-86Aより高空を飛べることが、最初のセイバー撃墜を可能にしたのだった。

12月22日の同じ日、海軍からの交換パイロット、ポール・E・プウ少佐は4機のジェット機の1隊を率いて、他の4機のセイバーとともに飛行した。プウは鴨緑江の20マイル（32km）南、高度32000フィート（9750m）で哨戒していると、ミグ発見の声を聞いた。彼は小隊を危機に備えされていると、1機のMiG-15が側近くを通過するのを目撃したが、一撃を加えるには近すぎた。2機の戦闘機は風防と風防を近接させ、交叉、プウは自機を急旋回させ、敵機が下に広がる雲に急降下していくのをとらえた。彼の回想によると、「旋回する相手に割り込み、射撃した。かなりよく当たったよ。それから、敵は雲の中に消えてしまった」。

追撃してみると、雲のない空に出た彼は、ミグが高度500フィート（150m）を水平にまっすぐに飛行しているのを見つけた。「私は奴の背後まで"かっとばして"ミグを撃墜しただけさ」とプウは回想した。この同じ日、イーグルストン中佐もMiG-15撃墜1機の公認を得た。彼の撃墜は、8機のセイバーと15機のミグとの絡み合い、接戦となった格闘戦の延長戦であげたものだった。また、MiG-15撃墜はジョン・C・メイヤー大佐（第二次大戦の第32戦闘航空群での撃墜24機に追加）、アーサー・L・オコナー中尉、ジョン・オーディノーン大尉、ジェイムズ・O・ロバーツ大尉にも公認された。

12月30日、プウ少佐はF-86でミグを2機撃墜した最初のパイロットになり、ジェイムズ・ジャバラ大尉も撃墜不確実で撃墜レースに参加した。セイバー装備の第4迎撃戦闘航空団は空戦で1機損失を報告したが、撃墜8機、2機不確実の勝利を申請できた（プウの2機目の勝利は、なぜかアメリカ空軍に無視され、撃墜記録に加えられならなかった）。これら8機の勝利がF-86の1950年の戦果であり、その後3カ月以上にわたって、F-86の戦果合計となるものだった。

致命的な損傷を受けたMiG-15のパイロットが、煙を曳きながら高度を下げ、安全な鴨緑江の北側に逃げ込もうと最後の試みを行っている。鴨緑江は写真では彼方に見える。追撃しているセイバーから受けた傷は胴体と主翼の付け根のすぐ外側に見られる。本機は1950年12月に第4迎撃戦闘航空団が撃墜した8機のミグのうちの1機である。
(via Jerry Scutts)

セイバー対ミグ
Sabre Versus MiG

　この頃、第4迎撃戦闘航空団のパイロットたちは、初期型のF-86Aが、他の新機種と同じくらいに多くの機械的問題を抱えていることを学んだ。特に信頼性を欠く機銃の装填装置が問題だった。最悪なのは、彼らの相手機が常にセイバーをより高い安全な空から見下していることだった。彼らが最高度に止まるなら、F-86では近寄れなかった。ミグは戦いではいつも時と場所を支配できた。

　F-86とMiG-15との比較は両陣営によって、繰り返しなされた。ミグはより高空を飛行でき、戦いの開始を決められることでは決定的な利点をもっていた。初期のセイバーは他のいくつかの点でも劣勢で、ソビエト人から見たF-86とMiG-15との比較を朝鮮戦争のベテランであるゲオールギイ・ローボフ少将はこう述べている。

　「MiG-15はその主要性能で、F-86を除く敵の類似機を凌駕している。F-86との比較では、ミグは上昇率、推力／重量比が優れているが、運動性と旋回率では若干劣る。両者の最大速度はほぼ同じだ。F-86の方が胴体の空力形状が優れている。セイバーは急降下では我々の機体より急速に加速し、MiG-15より急降下からの引き起こしで"沈下"の程度が少ない。

　「MiG-15の武装はより強力で、23mm砲2門と37mm砲1門が配列よく装備されている。アメリカ戦闘機と戦闘爆撃機は最大6挺の12.7mmのコルト・ブローニング機関銃を主翼内に並べて配置している」

　実際には、アメリカのプロペラ駆動の戦闘機では主翼に機銃を装備していたが、ジェット戦闘機では機首に装備していた。F-86の目立った利点は、より優れた照準器をもつことで、特に敵機との射距離を自動的に修正するレーダー射撃照準器は有利だった。MiG-15では、目標への距離は目測で決め、データを手動で半自動照準器に入力しなけばならなかった。

　ミグとの機数の落差に直面した第4迎撃戦闘航空団司令、ジョージ・F・スミス大佐は、第5航空軍司令部に対して、配下のセイバー陣は我慢できないほどの補給と整備の問題によって身動きがとれないと苦情を申し立て、航空群司令ジョン・C・メイヤーもただちに同調した。このスミスの苦情は後に続く多くのクレームの最初となった。金浦基地の作業条件は、降雪や寒さにかかわらず、予期されていたほど悪くはなかったが、作業を進めるための資材がほとんど何もなかった。ジェットエンジンを飛ばすに必要な、小さな、単純な部品を入手することさえほとんど不可能だった。中国義勇軍が大挙して押し寄せている一方で、セイバーは補給問題で地上にクギづけとなり、士気は低下し、ミグのパイロットに優位を取られるようになった。

　第4迎撃戦闘航空団に新しく到着したセイバーは、中国軍によって金浦基地から蹴り出される前のたった3週間を滞在する運命となった。メイヤー、ヒントン、フレイなどは天候、整備上の問題や衰え気味の士気に対処して、ミグとの戦闘に移ろうと奮闘した。しかし、大晦日の夜、あたりは撤退に備えて気の狂ったような動きに満たされた。1951年が明けると、50万人の中国軍が南に押し出した。MiG-15は鴨緑江沿いのミグ通りを牛耳り、それでも国境の北側に止まった。これらのミグは名目上は中国軍飛行師団

に所属しているが、実際はロシア人が操縦していた。中国軍が金浦に接近するにつれて、飛行場を無秩序が支配した。施設は解体され、コンボイ(護衛付輸送車部隊)が基地を出て行った。基地の第4迎撃戦闘航空団(F-86A装備)、第51迎撃戦闘航空団(F-80C装備)と、第67戦術偵察飛行隊(RF-51D装備)は撤退した。

第4迎撃戦闘航空団は、メイヤー配下に32機の機材とパイロットの一群から構成されていたが、セイバーの何機かは年の明ける以前に撤退を命じられていた。1月1日、中国軍が猛襲する状況で落ち着きを失っていたひとりの地上要員が、F-86Aのエンジン空気取入口に吸い込まれて死亡し、ジェット機のまわりでの作業は大きな危険を伴うことをあらためて知らしめた。セイバーの朝鮮滞在は翌日に終わりを告げた。ハワード・M・レーン大尉が、地上要員の命を奪った機体で退去したが、この機体は速度計を欠いていた。彼の機体の上空には、マックス・ワイル大尉が操縦する32機目の、最後のセイバーが飛行していた。

ミグ・キラーのブルース・H・ヒントン中佐らの他の第4迎撃戦闘航空団のメンバーは、セイバーなしに撤退した。彼らは1月2日の夜にC-54輸送機で金浦を脱出したが、この時、飛行場は小火器によって攻撃を受けており、中国軍は飛行場をほとんど完全に包囲していた。敵は輸送機が離陸すると鉄条網を抜けて侵入し、1月4日の早朝には韓国の首都を席巻した。

中国の猛攻
Chinese Assault

1951年が明けると、それまで退却を続けていた国連軍は、反攻に転じ、ソウルを奪回した。しかし、国連軍はさらに北へは前進できなかった。地上の戦いは、この先数カ月、いや数年にわたって膠着状態となった。

1月14日から第4迎撃戦闘航空団のF-86A 1個分遣隊が朝鮮に戻って、前線からずっと南に位置する大邱(テグ)基地から対地攻撃任務を開始した。このセイバーを戦闘爆撃機として使用する初の試みでは158回の出撃が行われた。

1月21日には、極東航空軍の運命に一瞬の変化が生じた。この日、第27護衛戦闘航空団のウィリアム・E・ベルトラム中佐はリパブリックF-84サンダージェットで鴨緑江近くを飛行していた。同機はこの航空団によって朝鮮に初めて導入された新機種だった。サンダージェットを操縦するベルトラムは、中国側から飛来したMiG-15との激しい交戦で、12.7mmをミグに確実に命中させ、敵機を空から追い落

この戦争の皮肉のひとつは、最初にミグ2機即日撃墜を遂げたのは、圧倒的な存在のF-86ではなくて、2番手で、控えめなリパブリックF-84だったことだ。この偉業は1951年1月23日に第27護衛戦闘航空団、第522護衛戦闘飛行隊のF-84Eに乗るジェイコブ・クラット・Jr中尉によって達成された。彼の部隊はボーイングB-29爆撃機が平壌(ピョンヤン)を爆撃している間に、新義州(シンウィジュ)を"吹っ飛ばす"牽制攻撃の任務を帯びていた。写真の第522護衛戦闘飛行隊機は、ジェイク・クラットが2機即日撃墜直後の別の護衛任務で北から帰還中に撮影したものである。(Jacob Kratt, Jr)

ヤコヴレフYak-9は1950年6月25日に戦争が始まった時の北朝鮮保有で一番近代的な戦闘機であったが、1951年初頭には戦闘機としての本来の任務を"中国の"MiG-15に譲っていた。ほとんどがYak-9P型で、Pはpushyechnyi、つまり、機関砲装備を表す。Yak-9は十分な航続力と、国連軍の戦闘機に対してよく対抗できる力をもっていた。しかし、北朝鮮はソ連と中国の直接の支援なしに単独で戦争を始めたので、パイロットたちは相手に対して効果的に戦う経験が不足していた。1950年6月と7月の短くも慌ただしい空戦で、20機の北朝鮮航空機が撃墜され、多くはYak-9だった。戦闘は、敵機が前線に到達するまでかなりの距離を飛来し、アメリカ戦闘機が味方支配地区の上空で戦えるというまれな機会のひとつだった。写真のYak-9Pは国連軍が仁川(インチョン)に上陸して、戦局を逆転させ、敵飛行場を占拠した際に捕獲したものである。コーネル航空研究所で調査され、ライトパターソン空軍基地にて1951年に米空軍の手で飛行試験を受けた。機体は、1950年代に米空軍博物館に短期間展示され、残念ながら、その後すぐにスクラップにされた。(USAF)

とした［この21日は中国空軍史でも記念される日で、中国人民志願空軍（以下、中国空軍と略）で初めてMiG-15を装備した第4師団、第10連隊第28大隊長の林漢が空戦で敵機（F-84）に初損害を与えた日であった。29日には林大隊長が待望の初撃墜（F-84）をあげたと記載されている。ただし、初撃墜はF-80Cの誤認のようだ。なお、出撃基地は中国領内の安東であった。中国空軍ではMiG-15を1950年10月下旬頃から第4師団が入手して訓練に入り、ソビエト軍の指導でまず

師団の第10航空団第28大隊が、安東から1950年12月より実戦参加した］。

　1月23日、B-29が平壌を爆撃している間に、第27護衛戦闘航空団司令のアシュレー・B・パッカード大佐は鴨緑江の南の新義州の基地を配下のF-84で攻撃する任務につけるよう上層部を説得した。33機のサンダージェットは大邱の穿孔鋼板を敷いた滑走路から離陸して北に向かい、敵飛行場を奇襲した。最初の8機は地上掃討任務を課され、一帯を掃射し始めた。続いてパッカードら残りの機体が新義州の基地上空へ降下すると、ミグが安東からスクランブルした。空中戦が繰り広げられ、4機のミグが撃墜されたが、その内訳はジェイコブ・クラット中尉が2機、アレン・マクガイア大尉とウィリアム・W・スローター大尉が各々1機だった。理由は不明であるが、マクガイアの撃墜は公式リストには載っていない。サンダージェット全機は無事に帰還した。

　リパブリックF-84サンダージェットはUSAFで直線翼をもつ最後のジェット戦闘機［F-94も直線翼であるが］で、当初、はなはだしく馬力不足であった。1946年2月28日の初飛行に続いては、絶えず増加する構造重量と低いエンジン出力がもたらす無数の問題に直面した。朝鮮に派遣されたF-84Dは、つつましやかな推力の5000ポンド（2268kg）のアリソンJ-35-A-17Dを搭載して、E型より後に実戦参加した。朝鮮戦争でも使用されたF-84EおよびF-84Gは、推力の点ではほんの少しの改良がされているだけであった。アメリカ空軍がF-84をリパブリック社に注文したのは、セイバーが失敗作だった時の保険であり、パイロットたちはそれを知っていた。

　E型は操縦席の環境を改善するために胴体を12インチ（30cm）延長、主翼端増加タンクを改造、レーダー射撃照準器を搭載した。G型はより強力な5600ポンド（2540kg）のJ35-A-29を搭載していたが、主要任務は朝鮮問題の枠外だった――本機は最初から核爆弾を搭載するよう設計された単座戦闘機だったのだ。朝鮮戦争で使用されたF-84D、EおよびサンダージェットのG型は、12.7mm口径の機銃6挺を装備、1挺当り300発の弾丸を搭載、機体外部に最大6000ポンド（2720kg）の爆弾ないしロケット弾を搭載できる。F-84Gの最大速度は高度10000フィート（3050m）にて時速616マイル（990km/h）と見なされていた。

　パッカード大佐が率いる第27護衛戦闘航空団のF-84Eは、大邱から日本の

B-29爆撃機の搭乗員はMiG-15のパイロットによって手荒い扱いを受けるようになり、ミグはスピードと高度の利点を生かした激しい攻撃を行なったが、B-29の銃手も、ときおり、遠隔操作の銃座からやり返すのに成功した。写真のB-29は嘉手納基地の第19爆撃航空所属で、増加する爆撃任務達成マークに2機のミグ撃墜を描いて自慢している。描かれた爆弾の大きさに差があるが、大きいほうは、本機が巨大な「ターゾン」地震爆弾［公称6トン、実際は5400kg。無線操縦で尾部のフィンを操作でき、橋梁破壊に威力を見せた。朝鮮では破壊力に劣るレーゾン／4500kgがターゾンの前に使用された］を搭載可能なように特別に改造された爆弾槽をもっていることを示している。(J B Stark)
［ターゾン爆弾を搭載可能に改造されたB-29（B-29-97-BW）は3機あるが、写真の機体は45-21745で、愛称の「ルシファー（Lucifers）」と黒猫のマーキングが機首の右側に描かれていた］

板付基地に戻る前の1951年1月に2076回の戦闘出撃を記録した。サンダージェットの航続力はF-80を上回っていたので、第27護衛戦闘航空団は日本の基地から共産軍の地上目標に向けて出撃を続けた。

2月5日、アーノルド・「ムーン」・マリンズ少佐の操縦するF-51Dマスタングは、北朝鮮軍のYak-3を1機撃墜したと認められた。なお、少佐は第67戦闘爆撃飛行隊長で、部隊は第18戦闘爆撃航空団を構成する3個飛行隊のひとつだった。これはアメリカ人パイロットがYak-3の撃墜を公認された3番目だったが、このレシプロ戦闘機は実際はYak-9であったのを誤認したと信じている歴史家もいる。マリンズの飛行隊の同僚たちが彼は3機ないし4機のヤク撃墜を認められたと記憶して、事態を混乱させているが、記録では彼には1機の撃墜しか認められていない。

Yak-9がアメリカのライトフィールドで試験飛行された時、USDAFの専門家たちは学ぶことが多かった。しかしヤクとマスタングが戦場で出会うのはまれなことで、二大超大国それぞれにとって最高の第二次大戦戦闘機の戦闘性能を比較するには、あまりにも時間が短かった。

セイバーの帰還
Sabre Return

第4迎撃戦闘航空団のセイバーは水源を基地として本格的に戦闘に戻った。セイバーの到着直前に、MiG-15の猛烈な攻撃で10機を下らないB-29が損傷し、そのうち、3機は大邱に緊急着陸した。3月1日の出撃では第343爆撃飛行隊のスーパーフォートレスに搭乗した銃手ウィリアム・H・フィネガン三等軍曹がMiG-15 1機撃墜を認められた。

セイバーがふたたび参戦したことはB-29隊へのミグの脅威を弱めた。それでも、空戦は規模こそ縮小したものの続き、3月17日には第8戦闘爆撃航空団、第36戦闘爆撃飛行隊のシューティングスター乗り、ハワード・J・ランドライ中尉がMiG-15 1機を仕留めて、きわめて難しい仕事を成し遂げた少数のF-80パイロットの仲間入りをした。3月30日には、第28爆撃飛行隊のB-29の2人の銃手、ノーマン・S・グリーン三等軍曹とチャールズ・W・サマーズ二等軍曹がMiG-15撃墜を認められた。翌日、F-86の第4迎撃戦闘航空団、第334迎撃戦闘飛行隊にカナダ空軍から交換パイロットとして勤務しているオマール・レヴェスク大尉が、ミグを撃墜した最初のカナダ空軍パイロットとなった。

その月、ストラトメイヤー将軍は、アメリカ空軍の参謀長ホイト・S・バンデンバーグ将軍に、ミグの攻撃に対してF-51とF-80の脆弱性を危惧している旨を陳述した電報を打電した。ストラトメイヤーは第5航空軍の戦闘爆撃飛行隊の全隊をF-84Eサンダージェットに機種転換して欲しいと要望した。バンデンバーグは承認したが、これは1953年初頭まで実現しなかった。

この頃になると、セイバーとミグの性格差がほぼ明確になってきた。MiG-15ははるかに高い上昇限度によって優位を満喫していた。"クリーン"［機体外部に搭載物がない状態］なF-86Aが42000フィート（12800m）まで上がるのがやっとであるのに対して、MiG-15は50000フィート（15240m）を巡航して、さらに上空へ昇れた。セイバーはミグ通りの南200マイル（320km）手前から北に向かって飛ばねばならず、このため燃料の大部分を

この写真が撮影された時点ではジェイムズ・ジャバラは第4迎撃戦闘航空団、第334迎撃戦闘飛行隊の大尉だったが、1951年の春には着実にミグ撃墜数を延ばし、有名になってきた。写真では、おなじみの真っ赤な飛行ヘルメットを抱え、同僚の"鷲"［本飛行隊の愛称が「イーグルズ（Eagles）」であった］のひとりと話している。場所は水原（スウォン）の駐機場で、背後の機体は1951年4月3日に初公認撃墜をあげた時に搭乗したセイバーである。（Leo Fournier）

消費して、戦闘に割ける時間がほとんど残されていなかった。ミグと違って、セイバーには敵機へと誘導してくれるGCI（地上管制迎撃）網がなかった。ただし椒島にあるレーダー基地、コールサイン「デンティスト」（歯科医）は、時には有益な情報を与えてくれた。だが、多くの重要な点で優位は共産側にあるといえた。

4月3日、第4迎撃戦闘航空団、第334迎撃戦闘飛行隊のジェイムズ・ジャバラ大尉はミグ撃墜の1機目をあげ、第二次大戦の地中海戦線で撃墜6機の記録をもつベンジャミン・H・エマート中佐（第335迎撃戦闘飛行隊）とロイ・W・マクレイン中尉（第334迎撃戦闘飛行隊）およびウィリアム・B・ヤンシー・Jr中尉（第336迎撃戦闘飛行隊）は各々1機を撃墜、その日の戦果合計を4機とした。ジャバラは欧州戦線で6年以上前に公認1.5機を得ていたが、ジェット時代の戦争でその戦果は急速に塗り替えられる。

エドワード・C・フレッチャー少佐は、第4迎撃戦闘航空団、第334迎撃戦闘飛行隊の作戦将校で、敵機に射撃を浴びせたことはなかったが、アメリカ空軍でもっとも尊敬されるパイロットのひとりであった。朝鮮戦争後、何人かのエースが防空飛行隊に転属となり、フレッチャーも多くの飛行隊で隊長をつとめた。彼は明確には定義できない素質、積極果敢性と堅実なリーダーシップを併せもっていた。そのフレッチャーも、かつて4月4日にMiG-15 1機を撃墜したと申請したことがあった。

4月7日、第27護衛戦闘航空団の48機のF-84Eは、新義州の鉄道橋を爆撃するB-29を護衛した。突然襲いかかった30機のミグのうち、たった1機しか護衛網を突破できなかったが、第307爆撃群所属のB-29 1機が撃墜された。目標の橋は大打撃を受けたが、落ちなかった。2日後、セイバー乗りのアーサー・L・オコナー中尉が2機目にして彼の最終戦果となるミグ撃墜を記録、翌日、ジャバラが自分の戦果を倍に増やした。

4月12日、3個爆撃機群が再度、新義州の橋を爆撃した。ミグは護衛のセイバーの防御網やサンダージェットの護衛網をすりぬけて襲いかかり、少なくとも2機のB-29が撃墜され、5機が損傷を受けた。この激戦ではB-29に対するミグの積極果敢な攻撃が目立ったが、アメリカ空軍は撃墜計11機に加えてF-84で3機不確実の戦果をあげた。撃墜のうち、7機（申請は10機）のミグはスーパーフォートレスの銃手たちによるものだった。

ジム・ジャバラはこの戦いで3機目のミグを撃墜、朝鮮における撃墜王の座をF-84のクラットと分け合った。ヒントン中佐も2機目、メイヤー大佐も2機目をあげ、これが2人の最終戦果となった。痛めつけられた第28爆撃飛行隊のB-29の搭乗員もビリー・G・ビーチ軍曹がMiG-15 2機撃墜を認められ、勝利に華を添えた。さらにミグ各1機の公認が5人のB-29の銃手たちと、セイバー乗り、ハワード・M・レーン大尉（第336迎撃戦闘飛行隊）に与えられた。

第312海兵攻撃飛行隊の戦争はあわただしいものだった。最初は戦場に近い陸上の前進飛行場から出動、それから海上勤務に転じて、軽空母「バターン」（CVL-29）に搭載された。空母は、ほとんどの期間を朝鮮半島の西の黄海を巡航、海兵隊のコルセア部隊はこの戦闘勤務では海上と陸上基地とを交互に行き来した。1951年春、「チェッカーボーズ（Checkerboards）」（飛行隊の愛称）は3カ月を海上勤務したが、1951年4月21日に鎮南浦（チンナンポ）近くで、フィリップ・C・デ・ロング大尉とハロルド・D・ディ中尉はYak-9 3機を撃墜した。写真は、1951年5月、F4U-4が爆弾とHAVAR（高速空中ロケット弾）を全装備して、次の攻撃任務への発進命令を空母「バターン」上で待っているところ。

この時期、MiG-15は依然としてソ連の第64戦闘航空軍団傘下の戦闘航空師団に所属していた。ソ連人は対戦者のアメリカ人に敬意を抱いており、自分たちの誤りを認めるのにやぶさかではなかった。ゲオールギイ・ローボフ少将は後にこう振り返っている。

「最初のMiG-15のソ連人パイロットたちは十分な戦闘経験をもっていなかった。F-51やF-80をやっつけるのと、F-86に会敵するのとは全然別のことだった。ソビエト指揮官のエフゲーニイ・ペペリャーエフはパイロットたちが戦術をときすます必要性があったことを認めている。もちろん、ソビエト戦闘機隊の主な目標はセイバーの撃墜数を増やすことではなく、むしろ、爆撃機を無力化することであった。この視点から見れば、戦闘を避けるのは正しかった。

「1951年、ソビエトのMiG-15にとって朝鮮における作戦の第一段階は完了した。この第一段階は非常に困難なものだった。これは、3機から4機の敵機撃墜を果たしたパイロットが、ソ連の最高軍事表彰であるソ連邦英雄の称号で表彰された事実が証明している。なぜなら、この第一陣は多大な犠牲を払って経験を学び取ったのであり、第一陣に続く者たちの任務の遂行を容易にしたからだ。新参パイロットの練度は高まり、朝鮮に幻想を抱かずに志願者として赴き、経験を積んだ相手が乗る高性能の戦闘機と立ち向かう用意ができていた。

「朝鮮戦争でソビエトが個々のパイロットではなく航空部隊単位で数部隊ずつを交替勤務させることには、難点がつきまとった。新参のパイロットは経験を積んだ同僚を伴わずに戦闘に参加した。新人は"おなじ馬鍬を踏んづけ"（ロシアの諺で、「同じ誤りをくり返すこと」）て、時には顔面を血で染めることになる。1服務期間を終えたパイロットは、その経験を新人に口頭でしか伝授できない。パイロットが交替した後に損失が増加し、その結果ミグの活動が停滞した。対照的に、アメリカは飛行隊でなく、パイロットを交替勤務させ、経験を積んだ"年長者"は新人を指導した。

「この交替勤務計画は、ソビエトの指導者たち、軍人でも民間人でもだが、彼らの物事への取り組み方を象徴するものであった。もし、物事がうまくゆかなかったら、問題の原因を顧みることなく、通常はうわべだけの解決法を採用するわけである。もし、F-86がMiG-15との戦いに勝ったとする。するとパイロットと指揮官たちは責任を負わされ、替えられる。第二陣のパイロットは第一陣のパイロットより、より慎重に選択された。第324戦闘飛行師団は、第二次大戦のエースで、ソ連邦英雄称号を三度授章したイワーン・コジェドゥーブ［撃墜62機］が司令で、配下の2個航空連隊（第196戦闘機連隊と第176親衛戦闘機連隊）はジェット機での経験、特にMiG-15での経験（ソ連の水準で）を積んだ志願者により構成されていた。彼らのなかには、大祖国戦争［第二次大戦］でのベテランが多く含まれていた」

　第303戦闘飛行師団は第324戦闘飛行師団と同時に編成され、ローボフが司令で、旧満州の324戦闘飛行師団と同じ飛行場に合流して、安東から行動した。

コルセアの増援
More Corsairs

　1951年4月21日、F4Uコルセアのパイロットたちが控えめながら空中戦

ジェイムズ・ジャバラは1951年5月20日にミグ2機を一日で撃墜。エースとなって水原基地に帰還すると、自分が一躍、第二次大戦以後の現時点でもっとも有名なアメリカ空軍のパイロットになったことに気づいた。メディアはすぐさま彼に注目し、日本のジョンソン（入間）基地で記者会見の場が設けられた。上の写真はその時のもので、彼は数日前のエースとなった日に搭乗していたF-86A-5、49-1318の前でポーズをとっている。

果を加え始めた。この日、第312海軍攻撃飛行隊の2機のF4Uが、まれにしか出撃しない北朝鮮のYak-9と偶然にも出会った。第二次大戦で11機を撃墜したフィリップ・C・デ・ロング大尉と、ハロルド・D・ディ中尉は、鎮南浦（チンナンポ）近くで4機のヤクに襲われた。コルセアのパイロットたちは巧みに機動し、ディ中尉は12.7mm機銃の一撃でヤクの1機をノックダウンした。さらに2機をロング大尉が撃墜、その間にディ中尉は北の安全な空に逃走しようとした残るヤクに損傷を与えた。

逆ガル翼のコルセアはアメリカで最後まで生産されたレシプロ戦闘機で、真の傑作機だった。朝鮮でもっとも多く使用されたF4U-4は、2250馬力のプラット・アンド・ホイットニーR-2800-42W空冷星型発動機を搭載し、高度20000フィート（6100m）で最大時速395マイル（635km/h）を保証されていた。空冷発動機は低高度で戦闘が行われる時はありがたい存在で、あたりに金属片が散乱するこの高度でも、生き残れる可能性が高かった［空冷発動機は、液冷発動機のような複雑繊細な冷却系統をもたないので被弾に強かった］。12571機ものコルセアが製作され、最終号機は1953年1月に引き渡された。朝鮮戦争で使用された型式は、F4U-4、F4U-4B、F4U-5、F4U-5N、F4U-5NLとF4U-5Pだった。

4月22日の激しい空戦では、4機のMiG-15を撃墜した。ジャバラ大尉はいまだ前例のない撃墜4機に達し、イーグルストン中佐とヤンシー中尉は各々2機目を申請、これが彼らの朝鮮戦争における最終戦果となった。また、第334迎撃戦闘飛行隊のリチャード・S・「ディック」・ベッカー中尉も最初の1機を報じた。高い撃墜戦果をあげていたジャバラは、所属する第334迎撃戦闘飛行隊が日本に交替勤務で移動した後も、水原基地に残ることを許可されたので、MiG-15との戦いを続けることができた（1個飛行隊が朝鮮半島を離れる間、2個飛行隊が後方基地に残った）。

1951年の春には、ミグ通りでの空戦は、散発的なものを除いて、劇的までに沈静化した。数千フィート下の地上では、領土を取り合う最後の痙攣が終わりに近づいていた［1月から38度線の南北30kmが戦闘区域となり、6月より戦線は膠着状態が続く］。

4月24日、第4迎撃戦闘航空団司令部小隊のウィリアム・J・ホーデ中佐はMiG-15 1機を撃墜したが、これが4週間にわたった最後の空戦戦果であった。なお、ホーデは第二次大戦の第8航空軍で撃墜10.5機をあげていた［ホーデの第二次大戦の戦歴は本シリーズ第17巻『第8航空軍のP-51マスタングエース』を参照］。

一方、極東航空軍の将校たちは、MiG-15が好き勝手に攻撃をしかけては去っていく空を、動きの鈍いB-29が切り開いていけるかどうか煩悶していた。極東航空軍のB-29部隊はエメット・「ロージー」・オドンネル・Jr少将の指揮下にあり、戦略航空軍より借りた第98爆撃群と第307爆撃群から構

1951年初期にオーストラリア空軍第77飛行隊はF-51Dからグロスター・ミーティアF.8に、T.7練習機型数機を使用して機種転換した。当初、ミーティアはMiG-15に対抗できるだろうという望みが抱かれたが、英国製の戦闘機は空中戦ではロシア製の戦闘機には歯が立たないことが立証された。ソ連側の文献は、旧満州から飛び立ったロシアのMiG-15パイロットが1ダースものミーティアを一日で撃墜したと主張している。だが、この数は、多分、ミーティアの部隊が一度にすべて出撃した以上であろう。上の写真は初期のF.8が最後の数機のF-51と並んだ情景で、1951年3月に釜山（プサン）で撮影された。A77-982は豪州空軍でのミーティアのシリアルナンバーではもっとも大きな数字であるが、本機は1953年6月に地上攻撃任務で失われた。（George J Busher）

A77-982が僚機のA77-368と練習機型T.7、A77-305と編隊を組んだ写真。朝鮮半島の西海岸上空を巡航速度で飛行している姿であり、このうちA77-368は戦争を生き延びて、オーストラリア戦争記念館に保存されている（戦闘に参加したF.8のうちの当初の14機で、生き延びたのは本機を含めて3機だった）。皮肉にも、T.7も生き延びて、シリアルナンバーをA77-702と改められて、現在、ヴィクトリア州ポイント・クックのオーストラリア空軍博物館に展示されている。（via Aeroplane）

成されていた。両部隊ともに、戦争の初期から戦場に赴いていた第22爆撃群と第92爆撃群の交替部隊だった［1950年7月初めから10月28日まで極東航空軍傘下］。両部隊に加えて、極東航空軍には戦争末期まで所属していた第19爆撃群があった。各々の爆撃群は3個飛行隊より構成され、33機が定数であったので、計算上オドンネルは99機のスーパーフォートレスをもっていた。しかし、ミグ戦闘機隊はB-29を切り刻み続け、B-29部隊の士気は危険なほど低かった。

1951年4月、ダグラス・マッカーサー元帥は解任され、マシュー・B・リッジウェイ中将に交替した。南北戦争以来、一番有名だといえる高官の首切りで、トルーマン大統領は「ダグラス・マッカーサー元帥がアメリカ政府の政策を心から支持しえないのが遺憾である」と表明した。

翌月、第335迎撃戦闘飛行隊で出撃を続けていたジャバラは5機目の戦果をあげ、20日には6機目をF-86A-5（49-1318）であげた。この戦果は、片方の落下燃料タンクをつけたままの安定を欠く状態で飛行していたために、余計に目立つ業績だった。

27歳のジム・ジャバラはエースというだけでなく、年期の入った第二次大戦以来のベテランだった。ウイチタの食料雑貨商の息子である彼は、ミグはF-86を30000フィート（9150m）以上では追い越し、もっと高く上れると断言。さらに6挺の12.7mm機銃より4挺の20mm砲が欲しいものだと語った。セイバーのA-4レーダー射撃照準器はミグの射撃システムに優り、与える損害は大口径砲より少なかったが、1802発もの弾がある方が命中する機会が高かった。だが、ミグのパイロットはもっと厚い防御装甲板で守られていた。とはいえ、ジャバラはF-86が"世界最高のジェット機で、ミグは第2位"と思っていた。

ジャバラが朝鮮戦争で最初のエースと認定されたことは、アメリカ空軍に簡潔な撃墜認定システムが整ったといえよう。だが、空戦での撃墜は容易に公認されなかった。撃墜確認の基準は厳密で、目撃証人、ガンカメラのフイルムに写っていること、または地上での残骸の目撃のいずれか、少なくともこのうち2つを必要とした。これらの要求は第二次大戦でのヨーロッパ戦場のものよりはるかに厳しかった（たとえば欧州では、第8航空軍に限っては航空機の地上撃破も数えられた）。

エースになりたいという願望は、パイロットだけでなく、機体を整備する機付長や兵装係の士気を向上し強化することで意見が一致しているが、しかし、同時に必要のない損害を増やし、規律の崩壊にもつながる。国防総省は"エース"という用語は公式承認を受けてい

ないと述べてるが、ジャバラは同
僚たちが彼を議会名誉章受勲者が
受けるような畏敬と尊敬の念をも
って接することに気づいた。
　セイバーに装備された初期のガ
ンカメラは、"エースシステム"の
手助けとならなかった。戦争末期
にミグ1機を撃墜したマーテン・
J・バンブリックは回想する。
「あらゆる問題があった。カメラ
を搭載しようとするとね、F-86の
場合は機首の空気取入口の底にあ
るんだが、装着者はカメラと機銃
との回路がショートしているかど
うかわからないのだ。そこで、操
縦席にあるサーキットブレイカー
をチェックするのが手順となる。
フイルムが不良だったり、フイル
ムが送られなかったり、氷ついて

第513海兵夜間戦闘飛行隊のグラマンF7Fタイガ
ーキャットが朝鮮戦争であげた初戦果をドラマチ
ックに描いたスケッチ。同隊の志願兵トム・マレ
ー軍曹が戦闘数時間後に事実に添って仕上げた作
品。この戦いのパイロットはエドウィン・B・ロ
ング大尉で、夜の迎撃戦ではレーダー手のR・C・バッ
キンガム准尉の強力な助けがあった。[1951年6
月30日の戦闘。詳細は本章32頁を参照]

しまったり、カメラの前のプレクシグラスに傷が入っていたりするなど
色々あったよ」
　第4迎撃戦闘航空団の少なくとも一飛行隊では、パイロットたちが
"ミグ中毒"になって、基本的な戦術を無視したり、リスクを負ったり、
断続的に鴨緑江を越えたりした。ジャバラ、ベッカー、ギブソンやこの時
代のパイロットは、後になって、いわれている数以上のミグを撃墜してい
ると主張したが、その彼らにもジレンマがあった。誰しもがエースになり
たかった。しかし、だれも交戦規則を破って戦闘勤務から外されたくなか
った。
　アメリカの戦闘機乗りはこの空戦戦果確認システムが容赦なく厳格に施
行されていると思っていたが、ソビエトのパイロットはアメリカ人を"
だまされやすい連中"と見なしていた。エフゲーニイ・ペペリャーエフ大佐
はいう。
「アメリカ空軍の戦果は明らかに誇張されている。なぜなら、セイバーの
フィルム上で撃墜されたと見えるMiG-15の何機かは、実際には損傷
を負っただけで自軍の飛行場に着陸している。ソビエトのパイロッ
トは戦果確認により厳しいシステムを適応されている。規則では、
地上の軍人または軍人以外の専門家からの証拠と同時に写真フイルム、
パイロット本人および飛行隊の同僚の報告書が要求される。もしミグが国連
軍機を、この確認方式が適用不可能な地域に落としたなら、撃墜
が公認されないこともしばしばあった。実際のとこ
ろでは、ソビエトの方式もアメリカ側のそれと同じ
ように厳格だったのだ」
　ペペリャーエフはさらに付け加える。
「もっとも、ソビエト側があげる戦果のなかにも、実際に撃墜された
とは限らないものはある!」

タイガーキャットは恐るべき兵器であり、F7Fの
主な標的「ベッドチェック・チャーリー」Po-2と
の戦闘は、正直なところ恥ずかしいくらい過剰
な火力を保有していた。[F7F-3Nの武装は20mm砲
4門だった]

ジャバラが6機目の戦果をあげた日、第335迎撃戦闘飛行隊のパイロット、ミルトン・E・ネルソン大尉がMiG-15 1機を公認された。5月31日には3機ものミグが撃墜され、そのうち2機はF-86のパイロット、1機はB-29の銃手による戦果だった。次の日、2人のB-29の銃手と他のF-86パイロットがミグ撃墜の戦果を追加した。

また、5月にはオーストラリア空軍の第77飛行隊が釜山から日本の岩国基地に後退、戦い疲れたマスタングからグロスター・ミーティアF.8双発ジェット戦闘機への機種転換を始めた。これらの機体は空母「ウォーリア」に搭載されて英国から直接送られてきたもので、後の航海で本国のオーストラリア空軍に届けられた。

アメリカ空軍からF-86が1機、ミーティアとの比較飛行テストを実施するために岩国へ派遣されたが、実際には、F-86がミグの役を果たすためだった。アメリカ空軍とオーストラリア空軍との間で、ミーティアの運用法を巡って議論が沸騰した。第77飛行隊長のディック・クレスウェル少佐は迎撃戦闘機として使用するよう主張した。結局、この任務が部隊に割り当てられたが、アメリカ側には直線翼のミーティアがMiG-15との高空での戦いに生き延びられるかどうか真剣に疑問視する者もいた。

［グロスター・ミーティアは第二次大戦で連合国側が初めて実戦に投入したジェット戦闘機で、朝鮮に送られたのは、発動機を推力1590kgに向上させたロールスロイス・ダーウェン8を2基搭載し、機体を洗練させるなどした単座戦闘機型の最終型F.8であった。武装は20mm砲4門（各780発）、3インチ（7.62cm）ロケット弾16発を主翼の下に搭載でき、最大速度は高度3000mで960km/h。セイバーの生産がアメリカ空軍向けで手一杯だったこと、他に適当な機種がなく、英国空軍の第一線戦闘機で好条件だったことから、オーストラリアはミーティア93機を購入している］

1951年5月、極東航空軍司令官のジョージ・E・ストラトメイヤー中将が心臓発作に襲われ、戦闘機パイロット出身のオットー・P・ウェイランド中将と交替した。

6月1日、F-86部隊に交替勤務で赴任している米海軍パイロット、シンプソン・エヴァンズ中尉がMiG-15撃墜1機を公認された。それから2週間ほど後の17日、侵入してきた1機のポリカフロフPo-2LShが水原に2発の爆弾を投下した。国連軍将校のなかには羽布張りのPo-2をいやがらせ以外に目的をもたない、夜間の厄介者ぐらいにしか考えていない者がいた。だが、アメリカ人はほとんど認識していなかったが、第二次大戦で東部戦線のドイツ軍兵士はPo-2を恐れ、機体の搭乗員は窓をひとつずつ"覗きこんで"兵士が屋内にいるかどうか確認できると信じていた。この単機の「ベッドチェック・チャーリー」（Po-2につけられたあだ名）の急襲で、1機のF-86A（49-1334）が破壊され、8機が重大な損傷を受けた。Po-2はMiG-15

この戦争でダグラスB-26インヴェーダー軽爆撃機は何度か空中戦に巻き込まれ、そのうちの1回ではロバート・W・フォックス中尉が飛び去るMiG-15に機首から数回斉射を浴びせた。1951年6月24日には、1機のPo-2LSh［Po-2の軽攻撃機型］が第3爆撃群、第8爆撃飛行隊のリチャード・M・ヘイマン大尉操縦のB-26Bの正面にうっかり躍り出て、大尉は敵機を吹っ飛ばした。これは、この戦争での唯一のB-26の公認撃墜戦果だった。写真のB-26Bは撃墜当時の「ザ・リバティ（The Liberty）」飛行隊に配属された機体のうちの1機である。(John Sidirougos)

第51迎撃戦闘航空団のチャールズ・「ハーズ」・ヘロン中尉はミグ・キラーではないが、写真のF-80C、49-607は赤い星をつけている。49-607は本航空団第16迎撃戦闘飛行隊のウィリアム・W・マックアリスター中尉が、1951年7月29日にミグ1機を撃墜した時に搭乗していた可能性がある。第51迎撃戦闘航空団はF-80を使用中にわずか2機しか撃墜（双方ともミグ）戦果を残していないが、一説によれば5機にもおよぶ本航空団のシューティングスターが撃墜マークを描いているという。！（UASAF）

ミーテイアは即座にMiG-15の敵でないことが判明し、ただちに地上攻撃任務に向けられた。操縦席の下に「ザ・デューク・オブ・バス (THE DUKE OF BATH)」の愛称を描いている手前のジェット機 (A77-862) は、1954年5月に朝鮮でA77-866と空中衝突をした。操縦席の下に少佐のペナントを描いているカメラマンより遠い方のジェット機 (A77-864) は、1954年2月に金浦で不時着した。(Alan Royston via Tony Fairbairn)

が成し遂げたよりはるかに多大な損害をセイバー隊に与えた。

[1928年に初飛行したPo-2はもともと複葉の練習機であった。LSh型は機銃1挺を後部座席に装備し、主翼下に120kgの爆弾とロケット弾4発を搭載する軽攻撃機タイプ。第二次大戦の東部戦線では、ドイツ地上軍の野営地や飛行場に対する夜間単独爆撃任務についた]

Po-2の搭乗員はアメリカ人をあざ笑っているように思えた。彼らの乗機はレーダーでは探知が難しく、裸眼では見つけ難かった。6月30日、ソウル近郊上空を飛行中のエドウィン・B・ロング大尉は地上レーダーによって1機の侵入機に誘導された。彼とF7F-3Nタイガーキャットに搭乗していたのはレーダー手のR・C・バッキンガム准尉で、ロングは首都の北に向かい、捜索を開始した。

「低速で運動性の非常によい複葉機は、狙い撃ちするのが不可能に近い相手だった。3回もやり過ごしてやっと彼の後につけた。だが、そうなれば、タイガーキャットは驚異的な火力で敵機をすばやく仕留め、敵は山の中腹に墜落、炎上した」

ロングによると、"彼の" Po-2は空冷発動機つきの黒い複葉機で、後席から手持ちの小火器で撃たれたと信じている。これは多分PPSh-41 7.62mm軽機関銃であろう。タイガーキャットのパイロットは第513海兵夜間戦闘飛行隊に属し、本飛行隊は「フライング・ナイトメアズ (Flying Nightmares)」(空飛ぶ夢魔) として知られており、当時、F4U-5NとF7F-3Nの双方を装備していた。ロングは海兵隊夜間戦闘機で最初の勝利を収めたことになった。

タイガーキャットは肩翼の単翼機で、外翼が空母での収納用に折り畳めた。第二次大戦中に初飛行したが (1943年11月2日)、実戦に参加するには就役が遅すぎた。2100馬力の18気筒プラット・アンド・ホイットニーR-2800-34Wダブルワスプを2基搭載し、高度22200フィート (6700m) で時速

1951年9月9日、朝鮮戦争での第2位と第3位のエース、リチャード・S・ベッカー大尉 (左) とラルフ・「ホート」・ギブソン中尉は、各々5機目のミグを鴨緑江上空での空中戦で撃墜した。写真は、2人が第4迎撃戦闘航空団のボス、フランシス・S・ガブレスキー大佐から祝福を受けているところ。(USAF)

435マイル (700km/h) を出せた。その全備重量は25720ポンド (11670kg) だが、ある単発機はこれよりもずっと重かった。その武装は20mm砲4門を主翼の付け根に、機首に12.7mm機銃を4挺搭載、2000ポンド (900kg) までの爆弾を搭載できた。空母には就役しなかったが、F4U-5Nとともに「ベッドチェック・チャーリー」や他の夜間の活動に対する海兵隊の戦いには非常

に重要な存在だった。
　タイガーキャットのパイロット、ロングが夜間戦果をあげた頃、もう1機のPo-2「ベッドチェック・チャーリー」が第3爆撃群のリチャード・M・ヘイマン大尉の操縦するダグラスB-26の機首の前にうっかり入り込んだ（6月24日）。ヘイマンは元戦闘機乗りだったが、戦闘機を飛ばしたことのないB-26の搭乗員たちもまた、自分たちの爆撃機が本物の脅威となることを知っていた。第3爆撃群、第8爆撃飛行隊の一員だったヘイマンは、金浦航空管制センターの助けを求める呼びかけに応じ、Po-2の背後につけるほどに速度を落としてから敵機を吹っ飛ばした。なお、この飛行隊はおそらく朝鮮でもっとも経験豊かな部隊だった。
　6月17日にセイバーが1機を撃墜し、その翌日の18日にF-86のパイロットは5機のMiG-15を撃墜した。1948年にセイバーで世界速度記録を樹立したリチャード・D・クライトン少佐（第336迎撃戦闘飛行隊）が初撃墜を果たし、ラルフ・D・「ホート」・ギブソン中尉はその上を行って、いきなりミグ2機撃墜を果たした。6月20日、F-51乗りのジェイムズ・B・ハリソン中尉（第18戦闘爆撃航空団第67戦闘爆撃飛行隊）がYak-9を1機撃墜、ヘイマン大尉のPo-2撃墜に加えてセイバーのパイロットによって、MiG-15各1機が24日、25日そして26日に撃墜された。
　6月末の状況は、国連軍パイロットにとって憂鬱な数字で示される。ロシア人から飛行任務の引き継ぎを進めている中国軍は、いまや445機のミグを保有。朝鮮半島でこれに対抗する第4迎撃戦闘航空団の戦力は、たった44機のF-86Aしかなかった。アメリカ側は明らかに数で劣っており、そして状況は見かけよりはるかに悪かった。第4迎撃戦闘航空団の司令をジョージ・F・スミス大佐から引き継いだヘルマン・A・シュミッド大佐が見るところでは、セイバーの"半分"を飛ばせるだけでも"整備の奇跡"だった。シュミッドが10対1で劣勢だと思っていた時、実際にはセイバーは20対1の不利な状態で中国軍と向かい合っていた。
　一方、性能の向上したMiG-15bisの引き渡しは1951年の夏に始まった。新型機は推力5952ポンド（2700kg）のクリモフVK-1を搭載、高度10000フィート（3050m）で時速677マイル（1085km/h）の最大速度を出した。また、電気配線、

第49戦闘爆撃航空団、第9戦闘爆撃飛行隊のケネス・L・スキーン大尉がミグ・キラーのF-84Eに搭乗、大邱（テグ）から攻撃任務出発を前にストラップ装着を手伝ってもらっている。彼の勝利は本航空団最初の空中戦果で、1951年9月19日に彼の攻撃編隊が平壌の東でミグに上空から攻撃された時に得たものである。彼のミグ撃墜マーキングはミグの平面形で、操縦席下にある派手な銘板の前方に描かれている。

1951年の後半に定常的に撃墜をあげていたF-86のパイロットが、第4迎撃戦闘航空団、第39迎撃戦闘飛行隊のハル・フィッシャー中尉（左）である。彼は、10月16日に2機のミグを一日で撃墜するという武勲を立てた。朝鮮ではシャーク・マウス［サメの口］を描いたF-86はほとんどなく、そして、フィッシャーのどう猛に見えるセイバーは他の第4迎撃戦闘航空団のジェット機中でもまれな存在である。(Harold Fisher)

油圧回路、操縦席内のレイアウトが変更され、より有効な空中戦用戦闘機となった。

7月8日、アメリカ空軍で、もっとも腕の立つセイバー・パイロット3人がMiG-15撃墜の戦果を重ねた。第4迎撃戦闘航空団、第4迎撃戦闘群の司令フランシス・S・ガブレスキー大佐はトリオのうちでは"おやじ"だった。彼は欧州戦線の第6戦闘航空群、第61戦闘飛行隊で28機撃墜［本シリーズ第12巻『第8航空軍のP-47サンダーボルトエース』を参照］をあげ、朝鮮での第1号を申請しようとしていた。リチャード・S・ベッカー中尉は2機目のミグを撃墜し、始めての戦果をあげた、トリオで一番知られていないフランクリン・L・フィッシャー少佐は、第4迎撃戦闘航空団司令部小隊所属だった。

7月にはミルトン・E・ネルソン大尉（第335迎撃戦闘飛行隊）が2機目のミグ、「ホート」・ギブソン中尉が3機目のミグ撃墜戦果をあげた。第3爆撃飛行隊のB-29の銃手、ガス・C・オッファー軍曹は2機のミグを公認された。7月29日、F-80Cのパイロット、ウィリアム・W・マックアリスター中尉（第51迎撃戦闘航空団、第16迎撃戦闘飛行隊）はMiG-15 1機を申請。

8月18日、リチャード・S・ベッカー中尉はミグ撃墜2機を報じて戦果を合計4機と倍増させた。ベッカーの第334迎撃戦闘飛行隊では確かに"エース熱"があったが、同時に抑制も加えられた。後年になってベッカーは、公認されることは決してなかったが、自分や他のパイロットはもっとミグを撃墜していたと主張した。

オーストラリア人も1951年8月にはミグとの交戦を果たした。ディック・ウィルソン少佐は1機のジェット機の背後に急降下したが、別の機体からの機関砲の弾丸を受けた。後部胴体に1発が命中、跳ね回って、主燃料タンクに穴を空けた。彼のミーティアF.8の左の補助翼はほとんどちぎれ飛んだが、彼は並外れた腕前でなんとか被弾した機体（A77-616）をあやして金浦に戻った。なお、この機体は後の1952年2月に地上砲火で失われた。これに対してA-721のパイロット、ロン・ガスリー准尉は幸運に恵まれなかった。彼はミグに撃墜され、捕虜となった。

このオーストラリア人パイロットはミグの最初の攻撃で両方の昇降舵を打ち落とされ、乗機のF.8はマッハ0.84で、クルクル回りながら降下する操縦不能な動きに投げ出され、機体が38000フィート（11600m）を通過した所で、彼は機体から脱出し、まる28分間後に水田に降り立った。ガスリーの脱出はマーチンベイカー製の射出座席が緊急時に使用された5回目で、実戦では最初だった。また、これは航空機から射出された当時の最高高度記録の樹立となり、同時に一番長い降下時間でもあった。彼がやっと本国に送還されたのは1953年の末だった。

8月24日、ベンジャミンン・S・プレストン・Jr大佐（第4迎撃戦闘航空団）とジャック・A・ロビンソン（第334迎撃戦闘飛行隊）がミグを撃墜。9月2日には22機のF-86と40機のミグとの30分におよぶ決闘が新義州と平壌との間で激しく繰り広げられ、F-86がミグ4機を撃墜した。それらは、ガブレスキー（2機目）、ギブソン中尉（4機目）、リチャード・S・ジョンズ大尉とウィントン・W・「ボーンズ」・マーシャル少佐だった。1週間後、28機のセイバーと70機のミグとの間で大激戦があり、新昇格したリチャード・

カメラに収まった戦闘機乗りニ世代、ジェイムズ・ロー中尉（左）とハリソン・サイン大佐（右）。ローはこの戦争での若手のエース（一番若いというわけではないが）、サインは第4迎撃戦闘航空団のボスで、二度の戦争でエースの座を獲得した。ローのような若い戦闘機乗りたちが関心のほとんどを集めて、フイルムに収められたが、指揮の重荷を担ったのは経験を積んだサイン大佐である。
（James Low）

S・ベッカー大尉とラルフ・D・「ホート」・ギブソン大尉は各々5機目を申請、アメリカの2番目と3番目のエースとなった。

　高級将校たちは乏しいF-86の戦力を使ってミグを爆撃機の編隊から遠ざけようとしたが、ミグは圧倒的な数の差によって護衛陣をしばしば突破した。9月10日、爆撃任務中の第49戦闘爆撃航空団第8戦闘爆撃飛行隊のF-84Eは、粛川（サクチョン）近くで6機のミグに襲撃された。

　F-84の隊長ウィリアム・スクライアー中尉は次に何が起こったかをこう語ってる。

　「我々は鉄道網切断の任務についていた。爆撃後、我々が再集合中にミグが急降下してきた。私は先頭のミグを回避しろと叫び、敵は我々が旋回するのを見ると、反対方向に向きを変えた。その瞬間、他のミグが私の針路の前方1200フィート（370m）を急旋回で横切った。わが『ホッグ』（F-84のあだ名）でできる限りきつい旋回をして、優位を得ようとした。12.7mm機銃の最大射程距離に近かったが、長射程の射撃を浴びせ、多少の命中弾を与えた。他のミグがどこにいるのか周囲を確認した後には、我がミグは消えていた。敵はしばしば我々に追跡させて、おびき寄せようとするのを知っているので、全員が無事に帰れるようにとその場を去った。私は彼らのおとりが少なくとも戦死の瀬戸際までいったことを知って満足した。私の戦果は『撃墜不確実』と認められた」

　14機のミグと3機のF-86が9月の空中戦で撃墜された。国連軍に有利に見える撃墜比率は非情で、誤解を招き易い統計値だった。敵の選んだ時と所でしか戦えないので、数で劣るF-86のパイロットたちは、MiG-15がゆっくりと自分たちの仲間から優秀なメンバーを奪ってゆくと感じていた。

　9月19日、サンダージェットのパイロット、ケネス・L・スキーン大尉（第49戦闘爆撃航空団、第9戦闘爆撃飛行隊）は爆弾投下を余儀なくされ、対地攻撃任務を放棄した後にMiG-15撃墜の最初の公認を獲た。スキーンは戦闘をこう回想している。

　「我々は第49戦闘爆撃群の全力でもって新義州と平壌との間にある鉄道施設を攻撃に向かった。各飛行隊は16機のジェット機を出撃させ、搭載爆弾の総合は96500ポンド（43800kg）の汎用爆弾だった。私は新参のパイロットのひとりだったので、最後尾の小隊の4番機の位置で飛行することになった。私のコールサインは『パープル4』だった。平壌の東を通過すると、戦闘群のリーダーがミグが1時方向上空にいると呼んでいるのを聞いた。数分間にわたって、管制官が『ミグ列車（トレインズ）［列車のように連なったミグ］が南に向かっている』というのを聞いていた。我々はF-86が彼らを迎撃する位置にいると想定していた。セイバーがまだ金浦基地の地面にいたとは知らず、我々は孤独で、自分たちだけが頼りだった。無数のやりとりが無線から聞こえ、『ミグ3時の方向の高空！　やってくるぞ！　爆弾を一斉投下せよ！　スピードを稼げ！』の叫びがあった。それから、恐れていた『パープル小隊、右に外せ！』がやってきた。

　「最後尾にいた私は、小隊が全速力を出した時にはついていくのがやっとだった。ミグは攻撃の的を外し、『パープル・リーダー』機がミグに向かって、旋回を逆方向の左に行ったので、私も左方向上空に上昇した。我が分隊のリーダー、ジム・スプリンクル少佐は遥か前方にいたので、追いつくために旋回の内側に割り込んだ。1機の青いミグが私の前に降りてきて、

スプリンクル機の尾部に狙いを定めた。敵のパイロットはF-84を照準器に収めるのに忙しくて、私を見ようともしなかった。敵は射撃をさらに有効なものにしようとして減速し、私は追いつこうと全速を出していた。敵を照準器の正面にとらえ、方向舵のペダルから足を外して、機体が真っすぐ飛行するようにし、引き金を絞った。

「敵に12.7㎜機銃のAPI（徹甲焼夷弾）を長く浴びせた。すぐに、破片がミグから飛び散りはじめ、煙と炎も伴っていた。敵が速度を緩めるので、見ると、ミグは火災を起こしている。彼の左にずれて敵機と衝突しないようにした。左方向を見ていると、彼は下方の薄い雲に消え、別のF-84の機尾に別の青いミグがぴったり食いついているのが見えた。そこで『F-84！ 外せ！ 外せ！ ミグが尻についているぞ！ 右に外せ！』と叫んでやった。そして、そのミグをこちらの照準に収めようとした。F-84が攻撃をかわすと、ミグは左高空に上昇した。薄い下方の雲に入ったので、右を振り返ると、パラシュートがひとつ降下してゆくのが見えたが、1機のジェット機も視野になかった。上空に戻ってみると、数分前までは飛行機の大群がいたのに無人と化していた。燃料がビンゴ［基地帰還必要量］レベルより落ちていたので、南のK-2基地［大邱］に向かった。鉄道網切断の任務は、我々が爆弾を投棄してしまったので不成功に終わった。しかし、ただ1機が損傷を受けた他は全機が無事に帰還した。一番肝心なのは、9FBSが撃墜戦果第1号をあげたことだった！」

9月にはさらにMiG-15撃墜5.5機がF-86のパイロットに公認された。だが、"強盗列車"［バンデット・トレインズ］［ミグ・トレインズと同じ意味］や大編隊は鴨緑江の北の聖地から攻撃をかけ、戦いの主導権を握り続けていた。ウェイランド中将は数に劣るF-86部隊は敗北を喫していると感じていた。将軍はワシントンの国防総省に「中国軍は朝鮮に基地を設置でき得るかもしれず、そうなれば我が方の前線の制空権は脅かされる」と警告した。だが、これは何の助けにもならなかった。ワシントンではバンデンバーグ将軍［空軍参謀長］がこれ以上、F-86を朝鮮に割くことはできないと告げられていた。9月20日、将軍はウェイランド中将に朝鮮に第2のセイバー航空団を送る手段がないと通告した。

9月23日、第513海兵夜間戦闘飛行隊のE・A・ヴァン・グランディ少佐とトム・H・ウロムー等軍曹が乗り込むF7F-3NがPo-2を捜索していたが、レーダーに直接コンタクトがあった。パイロットは最低速度に減速して相手機を追い越さないようにし、500フィート（150m）の距離でヴァン・グランディはPo-2を発見、20㎜弾100発を的を射越すまで浴びせ続けた。ポリカルポフ機は炎に包まれ、墜落した。

戦闘はいまや地上では永久に手詰まりとなったが、空ではそうではなかった。10月には、ミグ通りのあたりでは戦闘の規模と範囲は劇的に変化し、もっとも忙しい月となった。数において劣る第4迎撃戦闘航空団は史上最大のジェット航空戦を北西朝鮮上空で戦った。そのいくつかは数百のジェット戦闘機を巻き込んでのものだった。

いまやミグ部隊は525機に増加、対するF-86Aは依然として44機だった。第4迎撃戦闘航空団はこの劣勢に屈せず、この大軍を少しずつ削り取ってゆくことを続け、10月1日にミグ2機、2日に6機、5日に1機、12日に1機、16日には少なくとも9機のミグ（一日の戦果ではこれまでの最高）を撃墜

した。

　空中戦のレベルは激化し、同時にB-29に対するミグの狂暴な攻撃が目立つようになった。23日、スーパーフォートレスが北の目標［南市飛行場（ナムシ）］に爆撃を加えようとしている時、100機のミグが現れて前方防御網（スクリーン）の任務につくセイバー34機を取り囲んだ。F-86のパイロットは2機のミグを撃墜したが、55機のF-84に近接護衛された3小隊、B-29 8機の搭乗員にとって慰めにはならなかった。50機のミグが護衛の網を突き抜け、爆撃機隊を攻撃した。B-29の1機が撃墜された。編隊のまわりで繰り広げられたサンダージェット対ミグの争いは、F-84がミグ・キラーの器でないことを証明しただけだった。サンダージェットは何の役にも立たなかった。

　苦戦が続いている間に、さらに2機のB-29が撃墜された。爆撃隊は1機を除いた全機が重大な損傷を受けており、3機は負傷者を抱えて緊急着陸のために前線飛行場に向かった。この中型爆撃機隊の歴史で最悪の日は、北朝鮮への昼間爆撃を中止せねばならないことを立証した。

　ロシアのMiG-15パイロットはこのB-29大殺戮を「暗い木曜日」と呼んだ。ソビエト軍のローボフ少将にいわせれば、この日付が意味するのは「まさにアメリカ空軍の戦略航空の完全な崩壊であり、それ以外の何ものでもない」。

　ローボフ少将はアメリカ人の著述家たちをこういって非難している。「自分たちの損失を軽視し、戦闘に参加したソビエトの戦闘機の数をありえないほど多くし、彼らの架空の損失を強調する傾向がある。これはアメリカの軍事航空の色あせた威信を保持し、大衆を懐柔し、司令部や機材の欠陥やB-29の乗員の非常に低い士気といった一番お粗末な誤りを隠すために行われた」。週刊誌『ニューズウイーク』は「暗い木曜日」のアメリカ軍爆撃機の損失を100パーセントと報じた。ローボフ少将は続ける。「目標にされた場所に落ちた爆弾は皆無だ」。

　アメリカ空軍はB-29の銃手たちがMiG-15 5機、そしてF-84のパイロットが6機目の撃墜を申請した事実にも、ほとんど心安らかになれなかった。後者の戦果は海軍の交替勤務で飛行していたウォルター・M・シーラ大尉（後に宇宙飛行士になる）が達成したものだった。そのかわり、F-84 1機が戦闘の最中にミグに撃墜された。

　翌日、共産軍はさらに1機のスーパーフォートレスを、16機のグロスター・ミーティアと10機のF-84が護衛していたにもかかわらず、撃墜した。ロシアのパイロットがB-29部隊に与えた衝撃は、深刻なものだった。

　爆撃機は昼間ではミグから生き残れないために、10月の大損害の後では夜間爆撃に戦術を転じた。ロシア側は12機のB-29と4機のF-84撃墜を主張、アメリカ空軍が公式に認めた損害はそれぞれ8機と1機だった。

■サイン大佐の戦い
A Colonel's War

　11月1日、ハリソン・R・「ハリー」・サイン大佐が、シュミッド大佐から金浦基地で陣容を整えた第4迎撃戦闘航空団の指揮を引き継いだ。彼はアメリカ空軍でもっとも経験を積んだ戦闘機パイロットのひとりだった。サインが最初に乗った戦闘機は英国のスーパーマリン・スピットファイアで、彼は欧州と太平洋で戦果を積み重ねた［サインの戦果はスピットファ

イアで撃墜5機、太平洋戦線ではP-47で不確実1機]。彼の執務室主任のゴードン・ビーマン三等軍曹の記憶によれば、彼の才能は"リーダシップと勇気"にあり、他の者によれば、サインは自己の栄達にほとんど関心がなく、しばしば部下に自分の撃墜を授与した。

　サイン大佐が朝鮮に赴任した時は、アメリカ人戦闘機パイロットの第1陣がちょうど服務期間を終え、母国に帰還しつつある頃だった。こうしたベテランたちと同様に、新しく到着したパイロットのなかにも第二次大戦を戦った者がいたが、前任者たちと違っていたのは、これらの年長者はすでに軍服を脱いで、新たな人生を初め、家庭を設けていたことだった。平均年齢が30歳から32歳の彼らは不本意ながら招集されたのであって、かつて世界が経験したことがない、もっとも恐ろしい戦争で自己の役割をすでに果たしていた。彼らは今度の戦争が人の生活を侵害するものであると憤っていた。

　金浦基地のサインの執務室に着任を報告するこれらの不満を抱いた年長のベテランとともに、生きのいい連中もいた。20代の初めで、1950年と1951年に飛ぶことを教わった新入りのパイロットたちだ。新入りは反応が早く、すれていなく、悪い習慣にもとらわれなかった。ハリー・サインはレシプロ機からジェット機へと難なく乗り換え、機種転換がスムーズにやれた。だが、たとえば、ガブレスキー大佐はF-86の射撃照準器の取り扱いかたが理解できず、風防に丸めたチューインガムを貼ってミグに狙いをつけていた。対照的に、ジェイムズ・F・ロー中尉のような25歳の"バルーン"（新米の少尉）はセイバーのA-4レーダー射撃照準器を苦もなくものにし、自分の目や両手の延長のように自然に使用できた。

　サインは「射撃照準器の適切な使い方をもっと重要視する必要がある」と書いている。

　彼は部下のパイロットが整備上の問題や、ミグとの数で圧倒されて挫折するのを見た。そこで、彼は自分の新しい仕事を棒に振る危険を犯して、ペンタゴンの空軍参謀長の顔の前で警告の旗を振った。彼は11月に自分の上級者を飛び越え、指揮系統を無視して一通のメッセージを送った。主文は「サインよりバンデンバーグへの私信。私はこれ以上北西朝鮮の航空優勢に責任をもてません」だった。

　11月4日、交換勤務でF-86を飛ばしていた海兵隊のウィリアム・F・ガス大尉がミグ1機を撃墜した。4日後、第33迎撃戦闘飛行隊のウィリアム・T・ホイスナー・Jr少佐が2機のMiG-15を鴨緑江沿いで撃墜した。これらの戦果は7年前のホイスナーの第8航空軍での撃墜15.5機に加算された。

　11月18日、MiG-15が第136戦闘爆撃航空団第111戦闘爆撃飛行隊のウィリアム・カワード中尉が操縦するF-84にこっそり忍びより、彼の機体を弾丸で穴だらけにした。

1951年9月23日にPo-2 1機を撃墜した第513海兵夜間戦闘飛行隊の2人組の片割れが、クリスマスに故国へ送るスナップでポーズをとっている。3人の真ん中にいるのがレーダー手のトム・H・ウロム曹長で、彼らのクリスマスの挨拶を型破りのカンバスを選んで描いた。後にあるのは機首にレーダーを搭載したF7F-3Nで、やや型破りの目立つ標識番号を描いてある。(Tom Ullom)

カワードはジェット機を黄海までなんとか飛行させ、そこで脱出した。他の2人の第111戦闘爆撃飛行隊のパイロット、ケネス・C・クーレイ中尉とジョン・M・ヒューエット・Jr中尉はミグ1機を分け合って、この日の勝負を引き分けとした。また、11月18日は海軍空母から出撃したパンサーのパイロットたちによって、少なくとも3機以上のミグが撃墜された日でもあった。撃墜したのはW・E・ラム少佐、R・E・パーカー大尉、F・C・ウェーバー少尉だった。

chapter 3
第51迎撃戦闘航空団
51st fighter intercepter wing

　ハリソン・サイン大佐からのメッセージが到着した後も、米空軍参謀長のバンデンバーグ将軍は約1カ月の間、朝鮮にもっと多くのセイバーを送ることには沈黙を通した。1951年10月22日になって、彼はADC（防空航空軍団）に対して75機のF-86A/Eとパイロット、機付長をカリフォルニア州アルメイダに移動、日本に向けて護衛空母に搭乗させる、という物議をかもす命令を発した。
　これで、水原(スウォン)基地の第51迎撃戦闘航空団はセイバーを装備することが可能となり、当初、2個飛行隊（第16および25）で苦闘していた第4迎撃戦闘航空団は3個目の飛行隊を得ることになった。
　11月27日、第4迎撃戦闘航空団所属のパイロットが4機のミグを撃墜した。1機はリチャード・D・クライトン少佐で、彼はこの日の4番目のエースになった。彼はジェットのパイオニアで、非常に尊敬されたリーダーかつ戦術家であって、戦争直前にF-86Aで速度記録を樹立したことがある。他の2機のミグ撃墜は第334迎撃戦闘飛行隊のボス、ジョージ・A・デイヴィス・Jr少佐に公認されたが、彼はこの戦争前に空軍最初のセイバー航空団で飛行したジェットのパイオニアであり、積極果敢な気質と優れた戦術の腕で高く尊敬されていた。次の日、「ボーンズ」・マーシャル少佐が彼にとって2機目と3機目のミグ撃墜を遂げた。もう1機の撃墜は、サイン大佐にミグを撃墜位置につけてもらう助けを得たデイトン・W・ラグランド中尉であるが、彼はアメリカ空軍の最初の黒人パイロットのひとりだった。
　11月30日、第4迎撃戦闘航空団の群司令ベンジャミン・S・プレストン大佐に率いられた31機のセイバーが、12機のツポレフTu-2双発プロペラ爆撃機と16機のラーヴォチキンLa-9レシプロ戦闘機、そして16機のMiG-15の編隊に出くわした。これは、北朝鮮空軍を復活させる試みだったかもしれなかった。なぜなら、鴨緑江の南の義州(ウィジュ)で飛行場を新設しようとする試みに国連軍の情報機関が気づき、傍受した無線では中国語よりむしろ韓国語の

会話が多かったのだ。航空機の群れは急降下で押し寄せるセイバーの2個小隊を発見したが、射撃を受けた後に見失った。セイバーが再交戦した時には、1機のLa-9が、次いで1機のTu-2が落ちていった。

デイヴィス少佐はTu-2の1機撃墜を報じ、さらに不用心なミグ1機を狙い撃ちして、朝鮮戦争で5番目のアメリカのエースとなった。ウィントン・W・「ボーンズ」・マーシャル少佐はTu-2とLa-9を1機ずつ撃墜、6人目のジェット・エースとなり、他の爆撃機はローバー・W・エイキン中尉、ジョン・J・バーク中尉、ダグラス・K・エヴァンズ中尉とレイモンド・O・バートン・Jr大尉によって空から一掃された。他にプレストン大佐とジョン・W．ホネカー中尉がLa-9撃墜を申請し、プレストン大佐の戦果は彼の4機目で朝鮮戦争での最終戦果となった。

[この戦闘は中国空軍の爆撃機・戦闘機の編隊とF-86との唯一の直接対決となった空戦であった。中国空軍の戦爆連合編隊は、黄海北部の大和島、小和島とその周辺の島々を11月6日に襲い、国連軍側の戦闘機が不在だったことから成功を収めて帰還した。夢よふたたびでの11月30日の出撃となり、中国の記述では9機（10機とする説もある。計画では10機だった）のTu-2が16機のLa-11の護衛とともに出撃したが、目標への到着が計画より5分早かったために、24機のMiG-15の護衛のうちでかろうじて間に合ったのは1個小隊だけであった。戦いはF-86の一方的な殺戮となり、Tu-2を4機、La-11を3機、MiG-15の小隊長機1機を失った。これに対し中国空軍は、爆撃は不成功だったというが、F-86撃墜3機を報じ、このうち1機はLa-11の戦果だった。この中国側の損害・戦果には異なる数字があるが、大敗北だったことは間違いなく、以後、爆撃機の昼間出撃は行なわなかった。また、La-11によってF-86を撃墜したと報じた王 天 保の戦果であるが、実際には撃たれた機体のパイロットが、普通なら撃墜となるだろう状況ではあったものの、海面上ギリギリで意識を取り戻し、損傷の激しい機体と重傷の身体でなんとか基地に帰還している。なお、これは中国空軍独自の作戦で、ロシアには援助を求めなかったという。ソ連のエース、ボリース・アバクモクの回想では、基地に帰還中に9機のTu2を見て、その後、基地では6機が散々に被弾して帰還したのを目撃したとあり、彼自身も管制官から支援の指示のないを不思議がっている]

1951年12月1日は、朝鮮戦争を生き残った第77飛行隊員にとって、忘れることができない日にちがいない。この日、少なくとも14機のミーティア

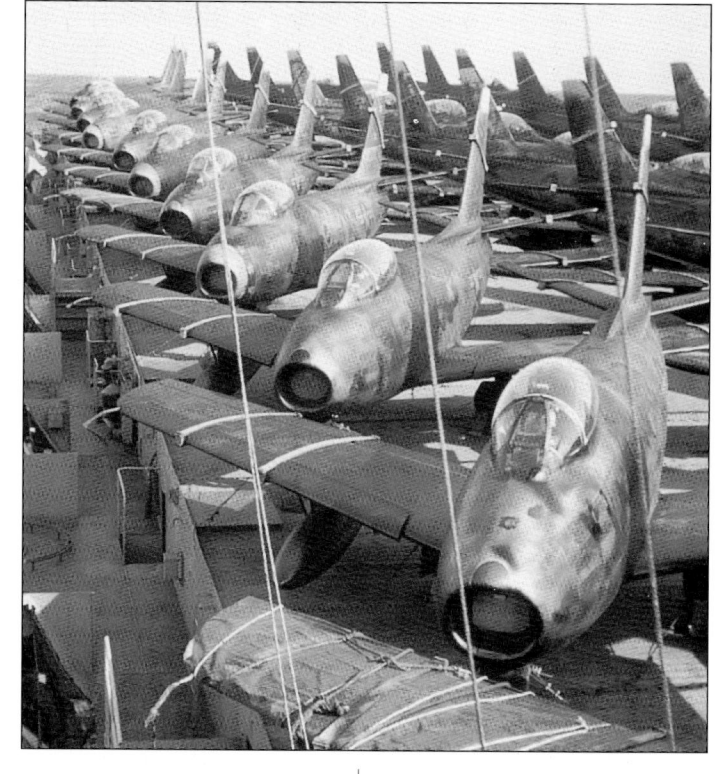

米空母「ケイプ・エスペランサ」甲板上のセイバー。少なくとも25機のF-86Eが見える。写真は1951年夏に中部太平洋上で撮られたもので、これらのジェット機は朝鮮到着直後、第4迎撃戦闘航空団とF-80を装備していた第51迎撃戦闘航空団とに等分された。戦域では1航空団が65機を3個飛行隊へおおざっぱに配分した。(Harry Dawson)

F.8が北に戦闘を求めに向かった。2機の「ストーヴパイプ・ドッグ(Stovepipe Dog)」小隊が平壌近郊上空を旋回して、空中中継の任につき、ミーティア4機からなる3個小隊が、「アンザック・エイブル(ANZAC Able)」、「ベイカー(Baker)」、「チャーリー(Charlie)」のコールサインを使用して、ミグ通りの奥深くにと向かった。この午前遅くの急襲は、ミーティアの初空中戦の戦果が戦闘損失を伴う、ほろ苦い伝説となった。以下の報告は、空中戦で起きる典型的な混乱状態を強調もしている。

不鮮明だが、歴史的には意義がある記録写真。第51迎撃戦闘航空団のF-86Eが1951年12月初めに、ミグ通りを最初に戦闘哨戒した任務のひとつを示している。当時、水原(スウォン)にいた航空団の部隊マーキングは胴体の黄色い帯と、空気取入口前縁の塗装だけで、後者は全機に施されたわけではなかった。(via Jerry Scutts)

「エイブル」、「ベイカー」、「チャーリー」の3小隊は高度19000フィート(5800m)を針路070度の方向に飛行していた。その頭上に約40機のMiG-15がいた。2機が6時の方向、真後ろから「チャーリー」3番機と「チャーリー」4番機を攻撃した。さらに2機が「ベイカー」小隊の後ろからやってきた。「エイブル」1号機は、攻撃を回避しつつ2機のミグに向かって突進、射撃を加えたが、目に見える損害を与えられなかった。「エイブル」3号機は1号機とともに攻撃を回避しつつ、「チャーリー」小隊の1機が激しい右旋回をしながら燃料の尾を曳いているのを目撃した。この後すぐ明らかになるように、「エイブル」3号機はこの任務中大わらだった。このコールサインの使用者で、A77-15の操縦席に押し込められているブルース・ゴージャリィ中尉は第二次大戦でカーチス・キティホークのパイロットだった。「エイブル」3号機はきつい右旋回をしながらも回避動作を緩めると、「チャーリー」小隊を攻撃した2機のミグが前方にぬっと現われた。

「エイブル」3号機は1号機から離れ、左旋回でミグを追い、800ヤード(730m)の距離で2秒間の射撃をしたが、損害は確認できなかった。ミグの旋回は険しさを増したが、彼はその内側にもぐりこみ、500ヤード(460m)に迫って5秒間の射撃を加え、敵の後部胴体と右主翼付根とに被弾を認めた。ミグは燃料の尾を曳きながら左に上昇した。だが、他の2機のミグが背後にきたので、攻撃を中止した。この2機と正面からすれ違った後、「エイブル」3号機は右旋回をして、9時の方向からやってくるさらなる2機のミグに相対していった。左に旋回してすばやく一撃を浴びせたが、当たらず、ミグは戦闘から離脱した。

A77-27(旧英国空軍シリアルナンバーWE905)はノーズアートを施した少数のF.8の1機で、赤い悪魔を描いていることを誇りとし、愛称の「ボール・ゼム・オーヴァー(Bowl 'em Over)」を前面ガラスの左下に描いていた。本機はこの飛行隊最初のミグ・キラー、ブルース・ゴージャリィ中尉の愛機であるが、1951年12月1日のMiG-15との苛烈な戦いで戦果をあげた際の搭乗機ではなかった。その日、ゴージャリィはA77-15で飛行していた。「ボール・ゼム・オーヴァー」は朝鮮戦争を生き延び、南オーストラリアのウーメラ・ミサイル試験場でのU.21A標的機となった。そこで本機は1971年11月にミサイルで破壊された。(Sherman Tandvig)

ここで「エイブル」3号機と4号機は孤立してしまったことに気づいた。「エイブル」3号機は1機の航空機が炎に包まれて降下し、丘の頂上に墜落するのを見た。それから、ミグがたった1機で前方2000ヤード(1800m)、4000から5000フィート(1200から1500m)

下にいるのを見た。急降下で高度14000フィート（4300m）に降りて、ミグに1200ヤード（1000m）まで近づいた。ミグは左に旋回して高度14000フィート（4300m）で水平飛行していたが、次いで北の方角に真っすぐ向き、上昇し始めた。「エイブル」3号機は5秒間ミグをとらえ、すばやく射撃を浴びせかけた。ミグは左に反転、回復して、去って行った。「エイブル」3号機は別の航空機が炎に包まれて墜落し、地表に衝突するのを見た。

「ベイカー」1号機は早い段階で「エイブル」3号機を従えて編隊から離脱したが、2機のミグに後方から攻撃された。彼は南に避退し、太陽に向かって27000フィート（8200m）まで上昇した。ミグは攻撃をあきらめた。「ベイカー」2号機は1号機の姿を見失ったと報告した。だが、1号機は1機の航空機が高度24000フィート（7300m）から炎に包まれて落下し、急旋回する2機のミーティアが、200から300ヤード（180から270m）後方を2機のミグに追いかけられているのを目撃した。

「ベイカー」1号機は攻撃に向かったが、新手のミグ2機に攻撃されて、10000フィート（3050m）まで降下した。1機のミグが発砲しながら降下して追ってきたが、引き起こして去った。攻撃を回避した後、「ベイカー」1号機は1機のミグが燃料の尾を曳きながら急激な上昇に移るのを見た。「エイブル」1号機は飛行隊の点呼を求め、「ベイカー」2号機を除いては全機から応答があった。「ベイカー」1号機は再度、2号機を呼ぶと、2回目の呼びかけに答えを得た。「ベイカー」1号機は高度30000フィート（9150m）に上昇し、引き揚げた。「ベイカー」3号機は、ミーティアと思われる機体が、ジグザグに黒い煙を曳きながら降下していくのを見た。これは、飛行隊の点呼の3分ほど前のことだった。その機体は高度約12000フィート（3700m）で空中爆発し、墜落した。「ベイカー」4号機は、小隊の1機が、最初の回避行動後に燃料が漏れているのを見た。彼は飛行隊点呼の前に2機の航空機が炎に包まれて降下するのを見た。

「チャーリー」3号機はミグが攻撃してくるのを報告、「チャーリー」1号機は右に外せと命令した。「チャーリー」3号機と4号機は回避動作が遅れたのを目撃され、その後ふたたび見ることはなかった。「チャーリー」1号機と2号機は左方向の高空から2機のミグによる攻撃を受けた。「チャーリー」2号機はこの攻撃で被弾。「チャーリー」1号機は2機のミグの後方3000ヤード（2700m）につき、左側のジェット機に発砲したが当らなかった。

そして2機のミグは右方向の高空から攻撃してきた。「チャーリー」1号機は彼らを回避、2機のミーティアが急旋回しながら2機のミグに迫まられているのを見た。彼は攻撃に向かったが、多くのミグに攻撃された。彼はそれらを回避した後、北5マイル（8km）に7機のミグの小隊を発見した。高度7500フィート（2300m）まで空気の圧縮性と抗いながら降下し、高度6000フィート（1800m）で引き起こした。ミグは高度7000フィート（2100m）

第77飛行隊が朝鮮でミーティアを使用した期間を通して使用され、ついに生き延びたベテラン、A77-446。本機は1959年4月にオーストラリアでスクラップにされた。朝鮮の前線勤務中の短期間だけケン・マレー少尉に使用され、このため、愛称を「ブラック・マレー（Black Murrey）」という。(via Aeroplane)

まで射撃を続けながら追跡を続行した。「ベイカー」1号機は戦闘から単機で離脱、墜落を報告した地点に近い場所に2つの火災を見たが、それは無線での飛行隊点呼の呼びかけのはるか前だった。

無線点呼で「チャーリー」4号機は燃料が漏れており、電気系統も死んでいると報告した。2回目の回避行動で「チャーリー」2号機は被弾、パイロットは軽傷を負って高度12500フィート（3800m）で引き起こしたが、高度計、速度計、マッハゲージは故障し、すべてゼロを指していた。無線点呼の前に、彼は1機のジェット機が2つの燃える物体となって落下し、平壌の北の丘に墜落するのを見た。また、彼は墜落地点から数マイル（約3km）北に火災をひとつ見ている。それから、「チャーリー」2号機は高度10000フィート（3050m）で1機のミグから攻撃を受けた。彼は右に回避すると、ミグは攻撃を続けてはこなかった。

この戦闘でミグ2機の撃墜が報じられた。1機は「エイブル」3号機（ゴージャリィ中尉はオーストラリア空軍初のジェット対ジェット機空中戦果をあげた）、1機は飛行隊全体に対して公認されたようだった。対して、3機のミーティア、「ベイカー」2号機（B・トンプソン曹長、A77-29に搭乗）、「チャーリー」3号機（E・アーミット飛行曹長、A77-949搭乗）、「チャーリー」4号機（ヴァンス・ドラモンド曹長、A77-251に搭乗）が基地に帰還しなかった。アーミットは戦死した。トンプソンとドラモンドは脱出して、戦争の残る期間を捕虜として過ごした。そして彼らは平時に、オーストラリア空軍の航空事故で命を失った。トンプソンはセイバーを操縦中に、ドラモンドはダッソー・ミラージュⅢO戦闘機で死亡している。

［ロシアの記述では、相手は第176親衛戦闘機連隊16機で、セイバーの護衛を伴う16機のミーティアを襲い、10機を撃墜、無傷で引き揚げたが、護衛のF-86はショックで動けなかったという。この作戦は朝鮮戦争におけるロシア空軍の最高責任者である、第64航空戦闘航空団司令ローボフ少将が、第77飛行隊の排除と連合国敗北がアメリカに与える政治的効果を考えて個人的に采配をふるったもので、相手側の出方を研究、パイロットには出撃2時間前に知らせるなど周到な用意のもとに決行されたという］

1951年12月1日、他の場所では新米のF-80Cシューティングスターのパイロットで第8戦闘爆撃航空団、第36戦闘爆撃飛行隊に所属するロバート・E・スミス少尉がMiG-15 1機を撃墜、ガブレスキー大佐（第4戦闘航空群から移動）が朝鮮で第二のセイバー航空団、第51迎撃戦闘航空団の司令官として水原から活動を開始した。部隊で初代のセイバー乗りとなったケネス・F・ローズの回想では「我々はエンジンを止めるひまもないほど、F-80CからF-86Eへの機種転換を速く行った」という。第51迎撃戦闘航空団はF-86Aを一度も装備することなく、工場から出荷したばかりのE型を受領した。そして航空団最初の勝利——MiG-15撃墜は——初めてパト

第51迎撃戦闘航空団の決定版マーキングをつけて、水原基地の掩体に駐機しているF-86E-1-NA、50-0649の鮮明な写真。本機を愛用しているウォルター・コープランドに「アーント・ミューナ（Aunt Myrna）」と名づけられ、独特のチェッカー模様の上に細い赤帯をつけて、第25迎撃戦闘飛行隊への忠誠を表明している。コープランドは本機で1機の戦果をあげた。（Walt Copeland）

ロールについた次の日に、第25迎撃戦闘飛行隊のポール・E・ローチ中尉に公認された。

■ 黄色のバンド
Yellow Bands

　第51迎撃戦闘群司令のジョージ・L・ジョーンズ中佐は部隊の所属機に目立つマーキングが必要なことを認識していた。F-86のパイロットがたがいをミグと誤認するのを避けるために、先輩の第4迎撃戦闘航空団は胴体中央部へ前方に傾いた黒／白の帯をつけて飛行していた。このマーキングは約10年前に連合国機がつけた「Dデイ侵攻ストライプ」[1944年6月の連合軍ノルマンディ上陸作戦で、特別の認識マーキングとしてすべての参加機に白黒のストライプが施された]に類似しており、第4迎撃戦闘航空団では1950年から使用していた。ジョーンズ中佐は第4迎撃戦闘航空団の二番煎じを好まず、何か別のデザインにしようと検討を始めた。

　この戦闘群の資材担当将校で、新進のアーチストであるエド・マチャザック大尉が、胴体に後方に傾斜した黄色の帯を巻き、主翼と尾翼にも黄色の帯をつけたF-86の絵を油性鉛筆で描いた。このマーキングの方が第4迎撃戦闘航空団のものよりずっと魅力的だったことから、胴体が28インチ（71cm）幅（斜めに後退）、主翼が36インチ（91cm）幅で、各々に4インチ（10cm）の黒縁をつけた帯を採用することとなった。

　マチャザック大尉の帯マーキングは見栄えがよく、国連軍のパイロットにセイバーをミグから容易に区別させた。帯マーキングが導入されてから数カ月後に第51迎撃戦闘航空群に赴任した第二次大戦P-47のエース、ウォーカー・M・「バド」・マヒューリン大佐は、このマーキングが航空団を第4迎撃戦闘航空団と区別し、衰え気味の士気を向上させるものと断言した。後に、第51迎撃戦闘航空団は第二次大戦で第25戦闘飛行隊が始めたマーキングを改訂し、ジェット機の尾部に黒の市松模様をつけ、「チェッカーテイルズ（Checkertails）」となった。

　カンバスとなったF-86Eには、衰え気味の士気を押し上げようとするペンキ塗装より、もっと実質的な価値があった。E型はそれまでのタイプからの大きな飛躍に向けた第一歩だった。「オールフライング・テール」[水平尾翼全体を動かして昇降舵とする機構。音速前後の速度で飛行すると従来の昇降舵は効かなくなるので、こうした機構が必要となる]をもつE型は標準装備になりつつあり、パイロットたちはミグを追いかけて機動できる能力を称賛した。だが、当時のある公式報告書によると、パイロットたちは「ほとんど常に数で圧倒され」、「甚だしく不利」で、ミグ通りは自体は「F-86Eの戦闘半径の圏外にあり」、「機は常に敵地の上空にあった」。

　さらに、この立派なF-86Eさえも、酷使され続けている地上整備員を十分に満足させることはできなかった。第51迎撃戦闘航空団のパイロット、イ

「アーント・ミューナ」と同じ頃に第51迎撃戦闘航空団に配属されたのがF-86E、50-0598、「マイ・ベスト・ベット（My Best Bett）」だ。本機はバーナード・バイスの乗機で、第16迎撃戦闘飛行隊の青い帯をつけ、オリーブドラブの落下燃料タンクを下げているが、タンクの色にはこれが日本製であることを示す役割がある。日本製のタンクは、ノースアメリカン社製のものと投棄された時のくせが違っているので、パイロットは戦闘でどちらのタンクを装備しているのか認識していなければならなかった。(Bernard Vise)

ヴァン・C・キンチェロ大尉機の整備長、ダニエル・ウォーカーによれば、補助翼のアクチュエイターの液漏れ（F-86E型特有の欠陥）や、最悪の場合にはジェット機内の作動油がすべて漏れ出たという。エンジン整備のため、セイバーの後部胴体を取り外さねばならない時に、ねじを切ってある結合部を緩めたり、締めつけたりするのも難しかった。風防の機密性にも問題があった。さらに、E型でさえ、設計者は首脚が弱すぎ、簡単に折れる問題も解決していなかった。ウォーカーのような人々は困難な補給状況にもすぐさま対応していかなければならなかったが、これはサインが苦情を申し立てる要因のひとつになっていた。もし、これらの問題が全部解決したとしても、第4迎撃戦闘航空団単独では数百のミグに対抗できなかった。新しいF-86Eは定期的に到着するようになったが、可動不能機の割合は急速に上昇した。

セイバーのパイロットたちは、こうした困難にもかかわらず、1951年12月にMiG-15を31機撃墜し、さらに、F-80Cのパイロット、ロバート・E・スミス少尉（第8戦闘爆撃航空団、第36戦闘爆撃飛行隊）もミグを撃墜した。撃墜数のうちの1機は、第4迎撃戦闘航空団、第335迎撃戦闘飛行隊長で、尊敬を集めているゼイン・S・アメル少佐だった。ジョージ・A・デイヴィス少佐は2機のミグを、プレストン大佐とサイン大佐は各々1機を彼らのスコアに加えた。第4迎撃戦闘航空団と第51迎撃戦闘航空団の双方で飛行したことのあるポール・ローチ中尉は、3機目で彼の最終戦果となるミグ撃墜をこの月に果たした。鴨緑江の北のミグ戦力は以前より増加して、アメリカ人パイロットたちは数ではさらに劣勢となったが、彼らを迎撃してくる"敵列車"の飛行技量が着実に低下しているの目にしていると感じた。中国人がロシア人に替わりつつあるのだ［12月後半より中国空軍MiG-15部隊の第1陣がソビエトの指導で実戦参加を始めた。しかし、主として言葉の違いから空戦時の連絡がうまくゆかず、中国側が戦場で混乱したという］。

1952年1月6日、鴨緑江沿いで激しい戦闘が起こり、第51迎撃戦闘航空団のF-86Eパイロットには撃墜5機が認められた。「バド」・マヒューリン大佐とウィリアム・T・ホイスナー・Jr少佐に各1機ずつである。

この月には、朝鮮にあるF-86全機の45パーセントという驚くべき数が戦力外と記載された。16.6パーセントは部品不足が、25.9パーセントは整備上の問題が原因だった。セイバーの2個航空団が実戦任務につくと、落下燃料タンクの需要は跳ね上がり、この重要であるが、消耗品扱いである資材は、1月にはほとんど使い果たされた。多くのパイロットが戦闘哨戒を落下燃料タンク1個だけで行なわねばならず、必然的にパトロール時間が減少した。

北朝鮮の国境沿いの空での、連合

地上要員がベルト式給弾機構のちょっとした故障に取り組んでいる。機体は赤帯も鮮やかな第25迎撃戦闘飛行隊所属F-86E。整備に苦労する非常に高度な機構であるが、操縦席の下に描かれている7.5個の赤い星は、このジェット機の6挺のブローニング銃の総合能力を明白に物語っている。(via Jerry Scutts)

国側と共産側双方の軍用機の数は増え続けた。1952年1月には鴨緑江を越えてやってくるMiG-15の"敵列車"の大波はしばしば100機を数え、敵のパイロットたちは乗機の優れた高高度性能を生かして高度50000フィート（15200m）を飛行し、アメリカ人をマッハ0.9で強襲できる位置で機体を操っていた。第4迎撃戦闘航空団は依然として大多数が旧式のF-86Aで——これらの機体は新型で運動性がより優れたF-86Eより速度こそ速かったが——飛行していた。小隊長は全員E型を使用していた。このことは第4迎撃戦闘航空団の大部分のパイロットが優位な位置にいる敵に対し、乗機の古いのF-86Aで、戦闘の始まる決定的な瞬間に十分な高度や速度を得るのに苦労していることを意味した。これとは対照的に、第51迎撃戦闘航空団は新型のF-86Eを装備し、ミグ通りに高速で群れ集まって（おそらく、A型より数km/h遅いが、敵よりはそう遅くない）、ミグにほぼ匹敵する高度から攻撃できた。

アメリカ空軍の最新夜間専用戦闘機ロッキードF-94Bスターファイアは、1951年半ばから戦域に到着していたが、戦果をあげるのは、2番目の部隊が水原に到着してからのことだった。このジェット機は戦闘に送り込まれたその第2陣で、第319迎撃戦闘飛行隊の青の翼端タンクと尾翼帯をつけており、ワシントン州モーゼズレイク基地からやってきたものだった。F-94は朝鮮戦争で夜間に4機のMiG-15を撃墜したが、Po-2やYak-18の不愉快な襲撃に効果的に対処するにはあまりに速すぎた。(Haller)

先述したように、ミグのパイロットの全般的な腕前は、彼らの数が増加するにつれて低下する兆候が見えた。多分、これはロシア人の割合がより少ないからだろう。第51迎撃戦闘航空団のパイロットはその交戦のいくつかでミグを背後からとらえ、敵の不揃いな編隊をちりぢりにして、撃ち落とした。たとえば、1月にはセイバーのたった5機の損失に対して31機のミグを撃墜した。半ダースを除くすべての撃墜は、セイバーの第2陣、第51迎撃戦闘航空団のパイロットがあげた。

この頃、アメリカ空軍のF-86小隊パイロットのうち数名が、彼らが共産側のパイロットによって操縦され、赤い星をつけたセイバーに"忍び寄られた"と主張した。筆者たちが知る、こうした3件の報告のうちの最初である。共産側がベルF-63キングコブラを飛ばしているという報告が開戦当時にあったように、戦場で共産側のF-86を目撃したという証拠の伴わない証言が誤りであることは、まず確実である。ロシア側の記録が公表された現在、我々は、彼らが、北朝鮮に墜落したがダメージの少ないF-86を"回収"してソビエトに送り、モスクワ近郊で一連の試験飛行を実施したことを知っている。その場所はおそらく、連合国側にはラメンスカヤとして知られている場所であろう。［アメリカがMiG-15を捕獲してその秘密を明らかにしようと試みたと同じように、ソビエトもF-86を"生きたまま"捕獲しようと、テスト・パイロットからなる特別チームを編成して現地に送りこんだが、見事に失敗した。だが、1951年10月6日に被弾・不時着したF-86A-5（49-1319）を、破壊しようとする米軍の手から何とか確保し、これをモスクワに送った。飛行テストは実施できなかったが、詳しい調査がなされて、技術の遅れていたレーダー射撃照準器や操縦席の空調装置などがソ連にとって特に参考になったという。F-86自体をB-29爆撃機のようにロシアでコピー生産する動きは思い止められた］。旧ソビエトロシアからは、彼らや、中国人もしくは北朝鮮人がF-86で戦闘飛行を行ったことを示唆する、いかなる情報も出てこない。

1952年4月1日、第51迎撃戦闘航空団、第25迎撃戦闘飛行隊のウィリアム・H・ウエストコット少佐は2機のミグを撃墜した。彼のポーズがそのことを物語っている。彼は4月26日後に12番目のアメリカ軍エースとなった。ウエストコットはF-86E-10-NA、51-2746に搭乗、本機を「レディ・フランシス（LADY FRANCES）」と名づけた。一方、機付長は「ミシガン・センター（MICHIGAN CENTER）」と名づけた。本機ではガブレスキー大佐が5機目の戦果をあげている。(USAF)

2月10日、撃墜12機で当時の筆頭エースだったジョージ・デイヴィス少佐は、鴨緑江近くの上空32000フィート（9750m）で、ミグの"列車"に突入、ミグはまさに連合国軍の爆撃機、数機に襲いかかろうとするところだった。デイヴィス少佐はミグに近接しようと急旋回して自機のF-86E（51-2725）を壊したが、速やかに彼の最終戦果にあたる撃墜（13機と14機目）を成し遂げた。しかしその後、数秒のうちに1機のミグが彼のセイバーの背後にぴったりとつき、彼を撃墜した［誰がデイヴィスを撃墜したか定説はない。ソビエト、中国ともに自国機であると主張しているが、両者とアメリカの記録を記述を比較した、ある中国人の歴史家はソビエトのパイロット、第148親衛戦闘機連隊のミハイール・アヴェリンではないかと推定している。ちなみに、中国は第4師団の張積慧（チャン・ジフイ）であると主張し、後のフィッシャー大尉の撃墜とともに2大戦果としている］。

　この戦闘を戦った人々は、デイヴィス少佐の勇気を称賛する。しかし、この分別があり、老練なパイロットもまた、多くのセイバー乗りが感染した"ミグ狂い"に打ち負かされたのだというものもいる。だが、この時は爆撃機搭乗員の生命も明らかに危機に瀕していた。そして、もし彼が生き延びていたら、トップエースの座に止まり続けたのはまちがいないと、デイヴィス少佐の同僚たちはみな思っていた。

　デイヴィス少佐を失ったことで、アメリカ空軍は優れた戦術家で、将来のリーダーのひとりを奪い去られた。彼は議会名誉勲章を死後授与され、朝鮮戦争でこの勲章を受章した唯一のセイバー・パイロットになった。この月、彼を含めた2人のF-86が喪われ、そのかわりに合計17機のミグが撃墜された。これらの戦果のひとつは2月17日にあげられ、第335迎撃戦闘飛行隊隊長のゼイン・S・アメル少佐の撃墜記録を増やしたが、彼もこの月の戦闘で死亡するパイロットの2人目となった。彼もまた"ミグ熱"に冒されたといわれた。

　1952年3月1日、水原基地に戦闘部隊第319迎撃戦闘隊が到着し、新しい戦いかたが導入された。彼らは戦場に配属されたロッキードF-94B夜間戦闘機の二番目の使用者だった。第319迎撃戦闘飛行隊は「限定戦争」の概念に新しい意味を与えるもので、パイロットとレーダー手はよく訓練され、やる気十分だったが、両手を後ろに縛られて戦闘に送られると感じていた。アメリカ空軍はF-94Bを1機でも失うと、その搭載する航空迎撃レーダーの秘密とともにソビエトの多大な興味を引くことを懸念していた。そのため

F-86E-10、51-2747「オネスト・ジョン（HONEST JOHN）」は、第二次大戦のエース、ウォーカー・「バド」・マヒューリン大佐の乗機である。彼は第51迎撃戦闘航空団に勤務した後、第4迎撃戦闘航空群司令に昇格、本機に搭乗した。このセイバーには別の愛称があり、「スタッド（Stud）」と機銃口の下に描かれてた。マヒューリンは幅が広く黒縁つきの黄色いストライプは、第51迎撃戦闘航空団を第4迎撃戦闘航空団から際立たせ、士気を向上させるためにデザインさせたといった。（後に第4迎撃戦闘航空団も採用したが……）。彼が公認されたMiG-15 3.5機の空中戦果は、1952年1月6日、2月17日、3月5日（1.5機）に報じたものだった。マヒューリンは5月3日に別のセイバーで飛行中に撃墜され、捕えられた。戦争捕虜として抑留中に"自白書"へのサインを強いられたが、停戦後に解放された時、この"自白書"は否定された。

第25迎撃戦闘飛行隊のパイロットたちと航空団の航空医官ベルナルド・ブルンガード少佐（左より2人目）。一番左はハリー・シューメイト中尉、一番右はエースのイヴァン・キンチェロ・Jr大尉、右から2番目はジョー・キャノン中尉。
(Dr. San Brugardt)

飛行隊はまれに北へ出撃することはあっても、飛行は爆撃境界線の南［爆撃目標の敵味方確認が必要な地区内のこと。なお、境界線を越えた敵性地区では敵味方確認を必要としない］に限定された。

3月の空中戦では、空軍のF-86パイロットがミグ撃墜39機をあげ、これに対して被った喪失はたった3機だった。3月20日、南アフリカ空軍の第2飛行隊「フライング・チーターズ」がミグと二回目の交戦を行った。マスタングの小隊4機が5機のミグに攻撃された。ディヴ・テイラー中尉の機体［320/45-1704］は被弾し、彼は脱出を余儀なくされた。ミグの1機は右主翼をハンス・エンスリン中尉の長い掃射で破損し、交戦を中止して北へ戻った。

また、同じ3月には第77飛行隊の2機のミーティアF.8（A77-920とA77-120）が地上攻撃任務を遂行中に対空砲火により失われた。オーストラリア人たちは積極的なミグの攻撃目標になることが多くなった。いまや、彼らは遙か南に足を延ばしてオーストラリア空軍のジェット機を攻撃しだしたので、ミグの戦術が変化したようにも思えた。オーストラリアのパイロットはこの時点まで、たった1機のミグしか撃墜していなかった。

4月1日、イヴァン・C・キンチェロ大尉とウィリアム・H・ウエストコット少佐とが各々2機のミグを撃墜した。2人とも第51迎撃戦闘航空団、第25迎撃戦闘飛行隊の隊員だった。F-86のエースの数は着実に増えていった。新たなエースには、第51迎撃戦闘航空団の第25迎撃戦闘飛行隊長、ビル・ホイスナー少佐がいた。彼は7番目のジェット・エースで、2月23日に所属航空団で最初のエースとなった。一方、フランシス・S・ガブレスキー大佐は8番目（4月1日）、ロバート・H・ムーア大尉は9番目（4月3日）、キンチェロ大尉は10番目（4月6日）、ロバート・J・ラブ大尉は11番目（4月21日）、ウエストコット少佐は12番目（4月26日）のエースとなった。

当時のトップエースのガブレスキー大佐はその5機目の戦果をF-86E、51-2746であげた。本機は第51迎撃戦闘航空団の第25迎撃戦闘飛行隊に属し、ビル・ウエストコット少佐が「レディ・フランシス（LADY FRANCES）」と名づけ、機付長は「ミシガン・センター（MICHIGAN CENTER）」と名づけていた（パイロットがつけた愛称は機首の左側に、機付長や兵装員がつけた愛称は機首の右側に書かれたので、ジェット機によっては3つの名前をもつものもあった）。ウエストコット少佐は同じ機体で5機目の戦果をあげた。イヴァン・C・キンチェロ大尉は、身長が6フィート2インチ（188㎝）、シルバー・ブロンドの髪とフットボールのラインバッカーのがっしりした体格をもってお

英国海軍のホーカー・シーフューリーFB.Mk11は、朝鮮戦争を通して苛酷な地上攻撃任務を立派にやり遂げた。多くの機体は、戦域に交替勤務する空母の間で使い回しされた。理由は、飛行隊は機材・設備を去って行く空母からやってくる空母に譲り渡したからだ。そのよい例がこの写真で、写真の第802飛行隊は垂直尾翼に、前の搭載空母の「グローリィ」を示す符号「R」をつけているが、実際には空母「オーシャン」上でカタパルトからの次の出撃に備えて、発射位置につけられているのだ。空母「オーシャン」を示す符号は「O」である。(Royal Navy)

グロスター・ミーティアF.8、A77-643はビル・シモンズ少尉が1952年5月初めにミグ撃墜第1号を遂げた時には、第77飛行隊に所属していた。本機はその前の月に英国から新たに到着したばかりであった。写真ではHVAR（高速徹甲ロケット弾）8発を搭載して穿孔鋼板の上をタキシング中であり、操縦席の下にはOC（指揮官）のペナントが見える。本機は1953年4月に地上攻撃任務遂行中に撃墜された。ちょうど1年間の金浦（キンポ）基地戦闘勤務を全うした後だった。(No 77 Sqn via Tony Fairbairn)

り、同じジェット機（51-2731）ですべての撃墜戦果をあげた最初のエースとなったが。彼の機体を可動状態に保っていた機付長はダン・ウォーカーであった。

1952年4月、鴨緑江沿いの空対空戦闘による双方の損失はミグ44機に対してセイバー4機だった。。4月22日、相手側（共産側）が鴨緑江の南に航空機を駐留させる最初の試みを、エルマー・W・ハリス少佐とキンチェロ大尉が迎え撃った。2人は新義州（シンウィジュ）の基地を掃射してYak-9戦闘機2機を破壊、MiG-15 1機を不確実だが地上撃破した。朝鮮戦争では地上で破壊された航空機は撃墜数に数えなかったが、敵にとっては問題だった。

戦争中に幾度か、パイロットが横断を禁止されている鴨緑江を越え、ミグとその本拠地で交戦した。これは、規則、政策、中国空域外に止まれという直接命令の違反であった。偶然に越境してしまったことも、パイロットが自分の判断で国境を故意に飛び越えたこともあった。短期間ではあったが、この国境を越えての戦闘には、少なくとも複数のパイロットが定常的に係わっていた。

水原基地の第51迎撃戦闘航空団のガブレスキー大佐、ジョージ・ジョーンズ中佐、ウォーカー・「バド」・マヒューリン大佐、ウィリアム・ホイスナー少佐とその他は、「緊急越境追跡」方針を採用していた。「メイプル・スペシャル」と彼らが名づけた飛行法は、故意に状況をお膳立てしてから、旧満州へ侵入、退避するMiG-15のパイロットに一撃を浴びせるものだった。こうした越境は水原基地の他の者には秘密にしていたが、キンチェロ大尉は偶然、「メイプル・スペシャル」に気がつき、参加者の秘密会に入会させられた。

鴨緑江越えの飛行は厄介事への招待状でもあった。たとえば、ビル・ギンザー中尉は彼が旧満州上空で1機のMiG-15を攻撃しているのが写ったガンカメラのフィルムをもって、ある任務から帰還したことがあった。敵のパイロットは逃げようとして地表に向けて急降下し、引き起こしたのは、やっと滑走路沿いに飛び抜けるに間に合うほどの低空だった。その滑走路は混雑している安東（タントン）の飛行場だった。後にマヒューリン大佐が説明したところによると、ギンザー中尉のガンカメラのフィルムには、「幾列ものミグが滑走路の両側にラインナップしている」のが写っており、「F-86はミグの尾翼のてっぺんより低く飛んでいるように見えた」。敵の整備兵がミグの主翼の上に立って見守るなかで、ギンザー

1952年5月8日、第16迎撃戦闘飛行隊のリチャード・H・ショーネマン大尉はF-86でユニークな戦果を記録した。彼は北朝鮮のイリューシンIℓ-10プロペラ攻撃機をミグ通りで撃墜したのだ。(via Jerry Scutts)

1952年半ばにはセイバーによる最初の戦闘爆撃任務が実施されていた。写真では500ポンド（227kg）爆弾2個が、第25迎撃戦闘飛行隊のF-86Eに搭載されようとしている。(via Jerry Scutts)

カラー塗装図
colour plates
解説は104頁から

以下は朝鮮戦争における国連軍エースら39人の搭乗機側面図で、共産軍機の撃墜を1機のみ記録した戦闘機や爆撃機の側面図も含む。また、朝鮮戦争に関する西側出版物では初めて、ミグMiG-15で戦ったエースの搭乗機の正確な側面図も収録した。これらの塗装図は本書のために特に描かれたもので、機体側面図はクリス・ディヴィー、ジョン・ウイール、人物画はマイク・チャペルの作品である。いずれも機体とパイロットについて綿密に調査し、可能な限り正確に描こうと多大な苦心を払っている。

1
F-86E-1-NA　50-623　「プリティー・メアリー・アンド・ザ・ジェイズ（Pretty Mary & the Js）」
第4迎撃戦闘航空団司令　ハリソン・R・サイン大佐

2
F-86E-10-NA　51-2747　「オネスト・ジョン（Honest John）」
第4迎撃戦闘群司令　ウォーカー・M・「バド」・マヒューリン大佐

3
F-86F-10-NA　51-12941　第4迎撃戦闘航空団司令　ジェイムズ・K・ジョンソン大佐

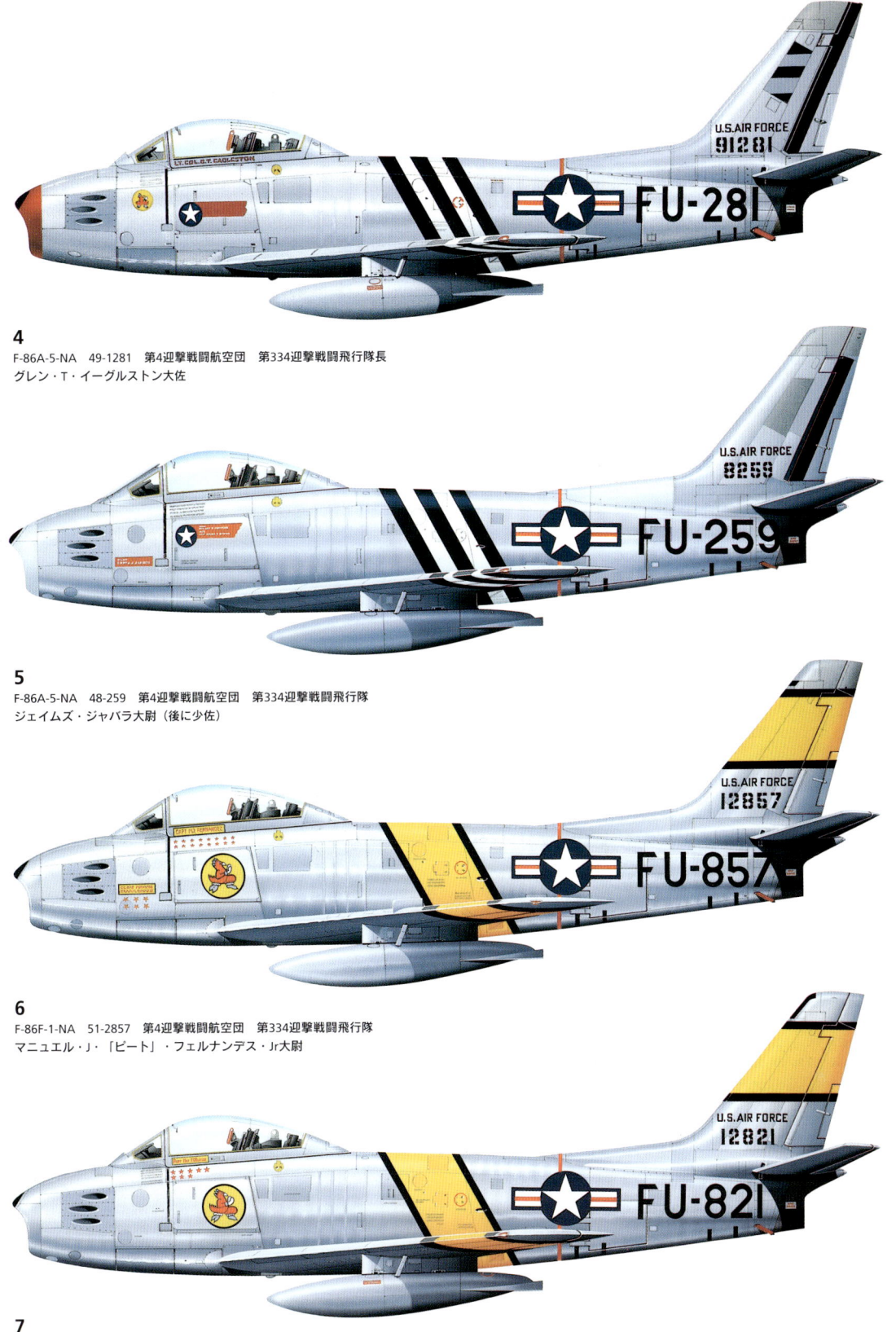

4
F-86A-5-NA　49-1281　第4迎撃戦闘航空団　第334迎撃戦闘飛行隊長
グレン・T・イーグルストン大佐

5
F-86A-5-NA　48-259　第4迎撃戦闘航空団　第334迎撃戦闘飛行隊
ジェイムズ・ジャバラ大尉（後に少佐）

6
F-86F-1-NA　51-2857　第4迎撃戦闘航空団　第334迎撃戦闘飛行隊
マニュエル・J・「ピート」・フェルナンデス・Jr大尉

7
F-86E-10-NA　51-2821　第4迎撃戦闘航空団　第334迎撃戦闘飛行隊
フレデリック・C・「ブーツ」・ブレス少佐

8
F-86F-30-NA　52-4778　「バーブ／ヴァン・ド・モル（Barb/Vent De Mort）」
第4迎撃戦闘航空団　第334迎撃戦闘飛行隊　ラルフ・S・パー大尉

9
F-86E-10-NA　51-2764　第4迎撃戦闘航空団　第334迎撃戦闘飛行隊　レナード・W・リリィ大尉

10
F-86A-5-NA　49-1184　「ミス・ビヘイヴィング（Miss Behaving）」　第4迎撃戦闘航空団
第334迎撃戦闘飛行隊　リチャード・S・ベッカー中尉

11
F-86F-10-NA　51-12953　第4迎撃戦闘航空団　第335迎撃戦闘飛行隊長　ヴァーモント・ガリソン中佐

12
F-86F-10-NA 51-12972 「ビリー（Billie）」 第4迎撃戦闘航空団
第335迎撃戦闘飛行隊 ロニー・R・ムーア大尉

13
F-86E-10-NA 51-2834 「ジョリー・ロジャー（Jolley Roger）」
第4迎撃戦闘航空団 第335迎撃戦闘飛行隊 クリフォード・D・ジョリー大尉

14
F-86E-10-NA 51-2769 「ベルニーズ・ブー（Bernie's BO）」
第4迎撃戦闘航空団 第335迎撃戦闘飛行隊 ロバート・J・ラヴ大尉

15
F-86F-30-NA 52-4416 「ブーマー（Boomer）」 第4迎撃戦闘航空団
第335迎撃戦闘飛行隊 クライド・A・カーティン大尉

16
F-86A-5-NA　48-261　第4迎撃戦闘航空団　第335迎撃戦闘飛行隊　ドナルド・トーレス中尉

17
F-86E-10-NA　51-2822　「ザ・キング／エンジェル・フェイス・アンド・ザ・ベイブズ（THE KING／Angel Face & The Babes）」
第4迎撃戦闘航空団　第336迎撃戦闘飛行隊　ロイヤル・N・「ザ・キング」・ベイカー大佐

18
F-86E-10-NA　51-2824　「リトル・マイク／オハイオ・マイク（Little Mike/Ohio Mike）」　第4迎撃戦闘航空団
第336迎撃戦闘飛行隊　ロビンソン・ライズナー大尉（後に少佐）

19
F-86A-5-NA　49-1225　第4迎撃戦闘航空団　第336迎撃戦闘飛行隊　リチャード・D・クレイトン少佐

20
F-86E-10-NA　51-2767　「ザ・チョッパー（THE CHOPPER）」
第4迎撃戦闘航空団　第336迎撃戦闘飛行隊　フェリックス・アスラ・Jr少佐

21
F-86E-10-NA　51-2800　「エル・ディアボロ（EL DIABLO）」　第4迎撃戦闘航空団
第336迎撃戦闘飛行隊　チャールズ・D・オーエンズ大尉（後に少佐）

22
F-86A-5-NA　49-1175　「ポールズ・ミグ・キラー（PAUL'S MIG KILLER）」
第4迎撃戦闘航空団　第336迎撃戦闘飛行隊　ジョーゼフ・E・フィールズ中尉

23
F-86E-10-NA　51-2740　「ギャビー（GABBY）」　第51迎撃戦闘航空団司令　フランシス・S・ガブレスキー大佐

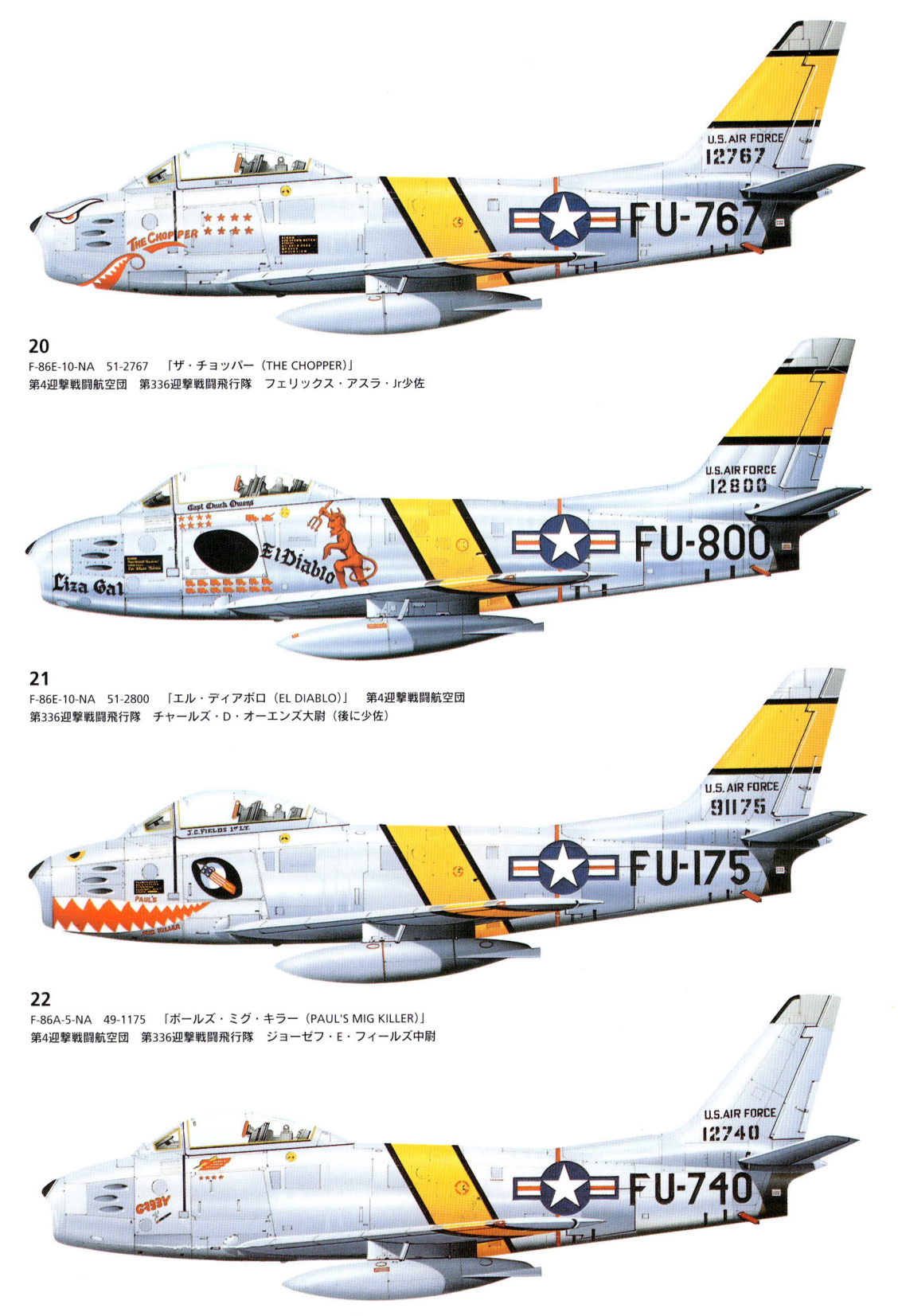

24
F-86F-10-NA　51-12950　「ミッチズ・スクウィッチ（Mitch's Squitch）」
第51迎撃戦闘航空団司令　ジョン・W・ミッチェル大佐

25
F-86E-10-NA　51-2756　「ヘラー・バストX世（HELL-ER BUST X）」
第51迎撃戦闘航空団　第16迎撃戦闘飛行隊長　エドウイン・L・ヘラー少佐（後に中佐）

26
F-86E-10-NA　51-2738　「フォー・キングズ・アンド・ア・クィーン（FOUR KINGS & A QUEEN）」
第51迎撃戦闘航空団　第16迎撃戦闘飛行隊　セシル・フォスター中尉（後に大尉）

27
F-86E-1-NA　50-631　「ドルフス・デヴィル（DOLPH'S DEVIL）」　第51迎撃戦闘航空団
第16迎撃戦闘飛行隊　ドルフィン・D・オーバートンIII世大尉

28
F-86E-10-NA　51-2731　「イヴァン（IVAN）」　第51迎撃戦闘航空団
第25迎撃戦闘飛行隊　イヴァン・キンチェロ中尉（後に大尉）

29
F-86F-1-NA　51-2890　第51迎撃戦闘航空団
第25迎撃戦闘飛行隊　ヘンリー・「ハンク」・バトルマン中尉

31
F-86E-10-NA　51-2746　「レディ・フランシス／ミシガン・センター（LADY FRANCES/MICHIGAN CENTER）」
第51迎撃戦闘航空団　第25迎撃戦闘飛行隊　ウィリアム・ウエスコット少佐

32
F-86F-30-NA　52-4584　「ミグ・マッド・マリン／リン・アニー・ディヴⅠ世（MIG MAD MARINE/LYN ANNIE DAVE Ⅰ）」
第51迎撃戦闘航空団　第25迎撃戦闘飛行隊　アメリカ海兵隊ジョン・グレン少佐

30
F-86E-10-NA　51-2735　「エレノア・E（Elenore E）」
第51迎撃戦闘航空団　第25迎撃戦闘飛行隊　ウィリアム・T・ホイスナー少佐

33
F-86E-1-NA　50-649　「アーント・ミューナ（AUNT MYRNA）」
第51迎撃戦闘航空団　第25迎撃戦闘飛行隊　ウオルター・コープランド中尉

34
F-86F-1-NA　51-2910　「ビューティアス・ブッチⅡ世（BEAUTIOUS BUTCH Ⅱ）」
第51迎撃戦闘航空団　第39迎撃戦闘飛行隊　ジョーゼフ・M・マッコーネル中尉

35
F-86F-10-NA　51-12958　「ザ・ペーパー・タイガー（the PAPER TIGER）」
第51迎撃戦闘航空団　第39迎撃戦闘飛行隊　ハロルド・E・フィッシャー中尉（後に大尉）

36
F-86F-10-NA　51-12940　「ミグ・マッド・メイヴィス（MIG MAD MAVIS）」
第51迎撃戦闘航空団　第39迎撃戦闘飛行隊長　ジョージ・I・ラッデル中佐

37
F-86F-1-NA　51-2852　「ダーリン・ドッテイー（DARLING DOTTIE）」
第51迎撃戦闘航空団　第39迎撃戦闘飛行隊　米海兵隊ジョン・F・ボルト少佐

38
F-86F-1-NA　51-2897　「ザ・ハフ（THE HUFF）」
第51迎撃戦闘航空団　第39迎撃戦闘飛行隊　ジェイムズ・L・トンプソン中尉

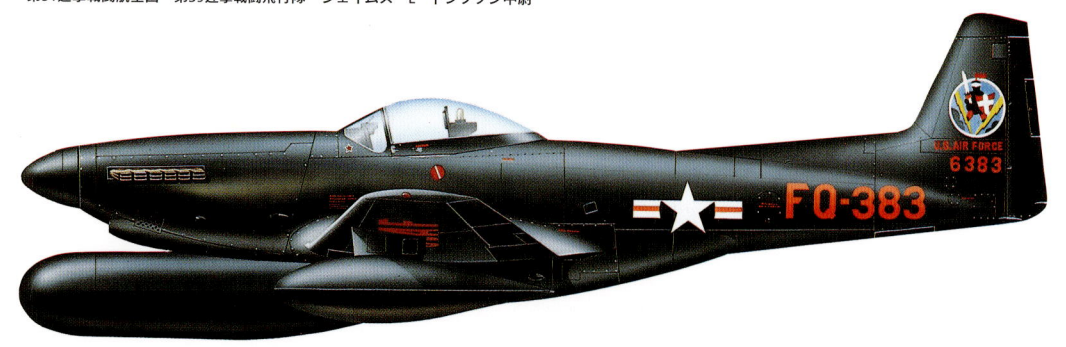

39
F-82G-NA　46-383　第68全天候戦闘飛行隊
ウィリアム・「スキーター」・ハドソン中尉およびカール・フレイザー中尉

40
F-94B-5-LO　51-5449　第319迎撃戦闘飛行隊　ベン・フィチアン大尉およびサム・R・リオン中尉

41
F-51D-30-NT　45-11736　第18戦闘爆撃群　第12戦闘爆撃飛行隊
ジェイムズ・グレッスナー中尉

42
F-51D-30-NA　44-75728　第18戦闘爆撃群　第67戦闘爆撃飛行隊
アーノルド・「ムーン」・ムリンズ少佐

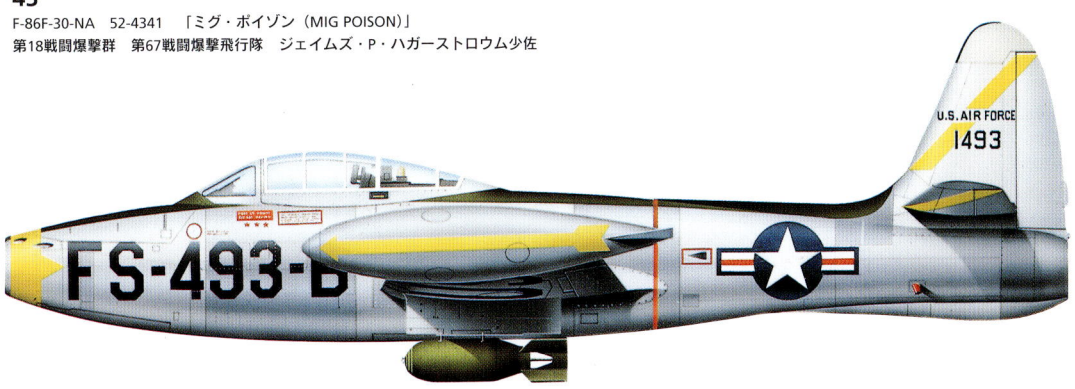

43
F-86F-30-NA　52-4341　「ミグ・ポイゾン（MIG POISON）」
第18戦闘爆撃群　第67戦闘爆撃飛行隊　ジェイムズ・P・ハガーストロウム少佐

44
F-84E-25-RE　51-493　第27護衛戦闘航空団　第523護衛戦闘飛行隊　ジェイコブ・クラット・Jr中尉

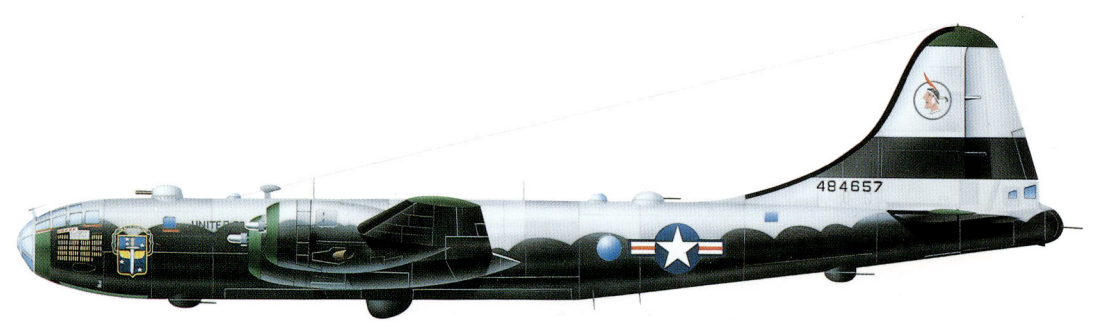

45
B-29B-60-BA　44-84057　「コマンド・ディシジョン（COMMAND DECISION）」
沖縄　嘉手納基地配属　第19爆撃群（中型）第28爆撃隊

46
F4U-5N　BuNo124453　「アニー・モー（ANNIE MOO）」
空母「プリンストン」から陸上基地平沢（ピョンタク；K-6）へ派遣
第3海軍混成飛行隊　ガイ・「ラッキー・ピエール」・ボーデロン大尉

47
F9F-2　（BuNo不明）　空母「バリーフォージ」　第51海軍戦闘飛行隊　レナード・プログ大尉

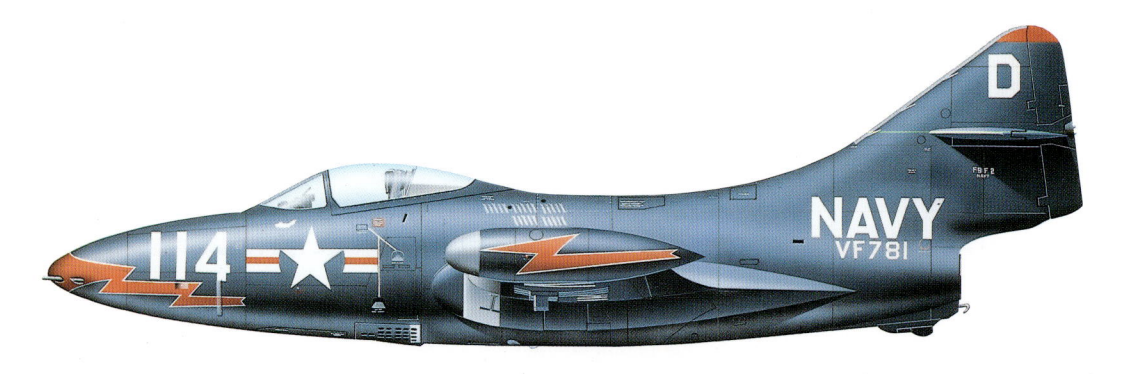

48
F9F-2　（BuNo不明）　空母「オリスカニー」　第781海軍戦闘飛行隊　J・D・ミドルトン中尉

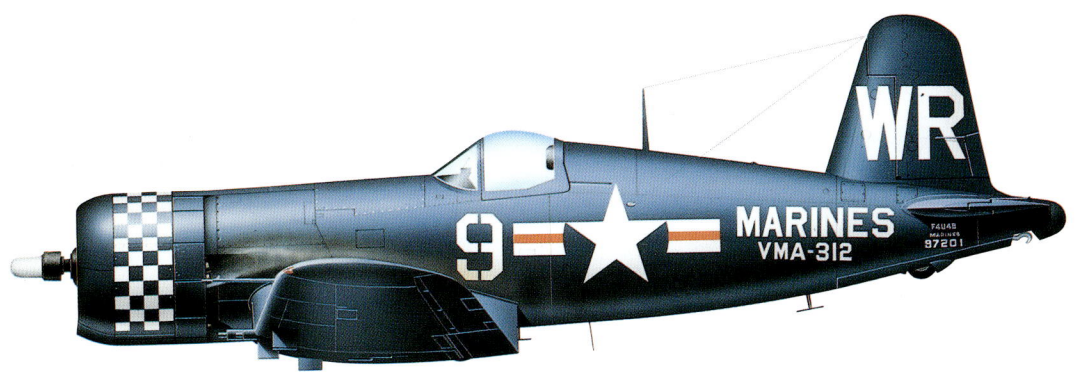

49
FG-1D（F4U-4） BuNo92701 第312海兵攻撃飛行隊 ジェス・フォルマー大尉

50
F4U-5N BuNo123180 第513海兵夜間戦闘飛行隊 ジョン・アンドレ大尉

51
F7F-3N （BuNo不明） 第513海兵夜間戦闘飛行隊 E・B・ロング大尉およびR・C・バッキンガム准尉

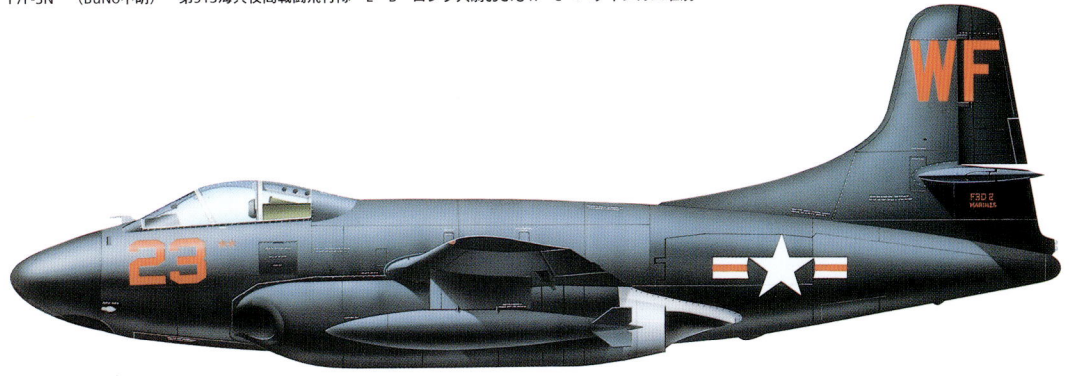

52
F3D-2 （BuNo不明） 第513海兵夜間戦闘飛行隊 ウィリアム・ストラットン少佐およびハンス・ハグリンドー等軍曹

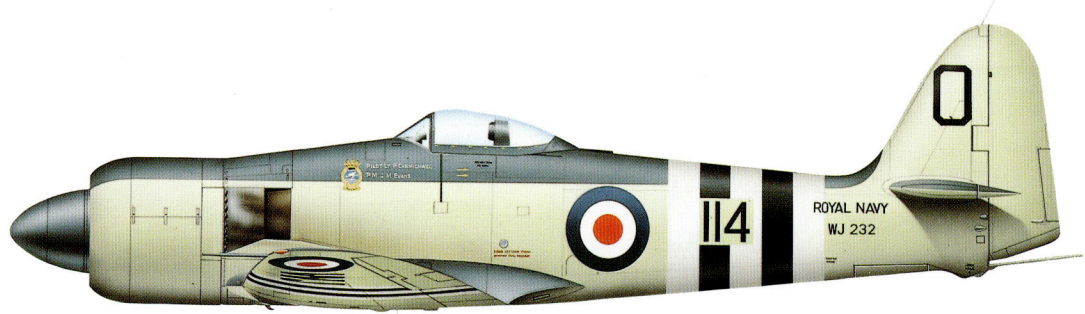

53
ホーカー・シーフューリー　FB.Mk11　英国海軍航空隊　空母「オーシャン」
第802飛行隊　ピーター・「ホウギィ」・カーマイケル中尉

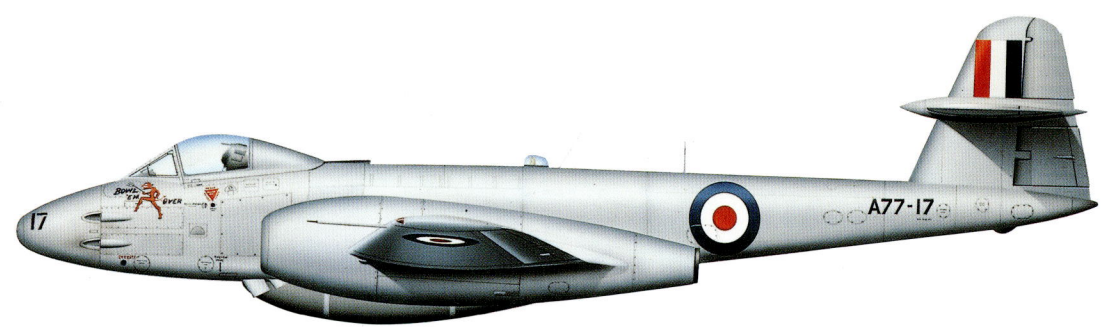

54
グロスター・ミーティア　F.Mk 8　A77-17「ボール・ゼム・オーヴァー！（BOWL 'EM OVER！）」
オーストラリア空軍第77飛行隊　ブルース・ゴーガリィ中尉

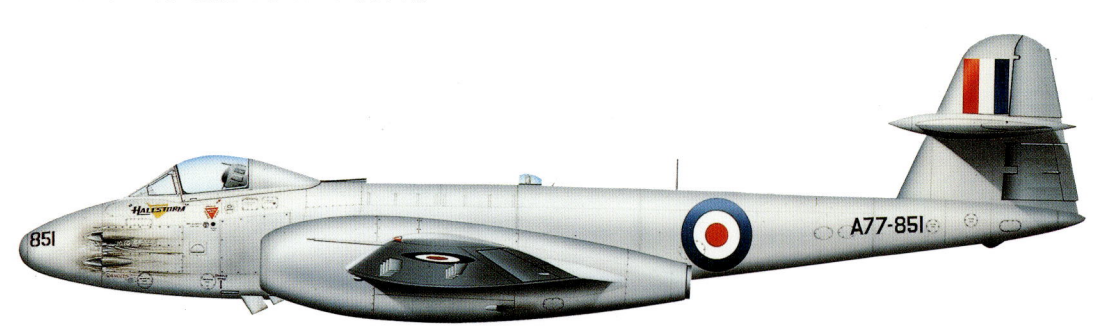

55
グロスター・ミーティア　F.Mk 8　A77-851「ヘイルストーム（HALESTORM）」
オーストラリア空軍第77飛行隊　ジョージ・ヘイル軍曹

56
MiG-15　925　第196戦闘機連隊指揮官　エフゲーニイ・ペペリャーエフ大佐

パイロットの軍装
figure plates

解説は99頁

1
第51迎撃戦闘航空団
第25迎撃戦闘飛行隊の中尉
1952年夏　水原基地

2
第4迎撃戦闘航空団
第334迎撃戦闘飛行隊のマニュエル・「ピート」・フェルナンデス大尉
1953年春

3
第51迎撃戦闘航空団
第39迎撃戦闘飛行隊の
ハロルド・「ハル」・フイッシャー大尉
1952年後期　水原基地

4
海兵隊唯一のエース、
第51迎撃戦闘航空団
第39迎撃戦闘飛行隊の
ジョン・F・ボイド少佐
1953年6月

5
第196戦闘機連隊指揮官
エフゲーニイ・ペペリャーエフ大佐
1951年後半

6
ホーカー・シーフューリー搭乗のミグ・キラー
英海軍航空隊第802飛行隊の
ピーター・「ホウギィ」・カーマイケル中尉
1953年半ば　空母「オーシャン」

中尉は相手機を撃ち落とし、なんとか無傷で脱出した。基地に帰還した彼は、そのフィルムを、ただ1回限りの私的な映写会の直後に焼却した。

　第25迎撃戦闘飛行隊でF-86Eセイバーを操縦したジョー・キャノン中尉は、ミグとの戦闘の模様を次のように回想している。

「私が飛行した91回の任務で、多くは『キンチ』（キンチェロ大尉）や『ギャビー』（第51迎撃戦闘航空団司令のガブレスキー大佐）と一緒だった。4月2日、『キンチ』と私は鴨緑江からさほど離れていない新安州（シンアンジュ）地域に高度48000フィート（15000m）で入った。3小隊のミグを5000フィート（1500m）下方に発見し、落下燃料タンクを投棄。我々はコントレール［飛行機雲］を曳いておらず、彼らには見つかっていなかった。我々は反転し、彼らに向かって急降下した。敵の編隊の真ん中を飛び抜ける際に『キンチ』が1機を仕留めたが、いつもと違って、ちょっとスマートなやり方ではなかった。私は通りすぎる際に1機のミグと衝突するくらいに接近したので、パイロットの顔を目の当たりに見た。彼は布製のヘルメットを被っていた。『キンチ』は無線で私の番だといった（我々はたがいの飛行位置を交換した）。私はぐっと引き起こし、横転した。見わたすと、衝突しそうになったジェット機が見えた。彼は鴨緑江の方に向かっているので、『スプリットS』［横転で背面飛行に移り、そのまま宙返りの半分を行って、機体の進行方向を逆とする動作］を打って、彼の背後に出た。3秒の射撃の後、敵機は燃え始めた。

「その瞬間、『キンチ』が『左に外せ！』と叫んだ。急激に回避し、頭を巡らして、機尾に誰がいるのかと見ると、後方で世界が光った。ミグのパイロットは私の顔から酸素マスクをむしり取ろうと射撃していた。風防が吹っ飛び、左の翼は右の翼の半分となり、昇降舵をずたずたにした。海岸の上空で、場所は、ゆきたいと思っている場所より数百マイル離れたとこだった、機体から脱出するとミグが落下傘で降下中の私を銃撃の的とした。『キンチ』は奴らのど真ん中にいて、集合する敵を分断しようとしていた。ミグはどこからでも出現した。そのうち数機は、非常に近くにきたので、落下傘の私を水平方向に揺らしたが、『キンチ』がやってくる奴すべての後についたと断言する。なんという光景だったか！　私はすぐに海軍によって救助され、夕食までに水原へ帰還した」

シーフューリーの任務
Sea Fury Misson

　1952年の春、英空母「オーシャン」が、ホーカー・シーフューリーFB.Mk11を装備した第802飛行隊を搭載して朝鮮に到着した［シーフューリーは第二次大戦後の1947年に就役した英国海軍最後のプロペラ戦闘機。2480馬力の空冷星形発動機を搭載し、最大速度は740km/h。武装は20mm砲4門］。「オーシャン」のような英連邦の空母は朝鮮半島西側の黄海で行動し、日本海にいるアメリカ海軍の艦船とは山脈で隔てられていた。シーフューリーのパイロットはつねに、待ちかまえる砲火の厳しい試練に突入して、地上目標を攻撃した。その中のひとり、ピーター・「ホウギィ」・カーマイケル大尉は、こう回想している。

「我々の最大の心配は対空砲火だった。こいつは始終心配させられた。あるものはレーダー管制され、あるものは曳光弾を使用した。12.7mmから88

mm口径までの対空火器に加えて、同時にライフルや小火器の集団に遭遇した。大部分の対空火器は非常に巧妙に隠され、村落の民家のなかに隠されていることもあった。また、時には光学式高度ファインダー、照準算定装置、レーダーがついていた。彼らは偽の目標でおびき寄せようと罠を張り、射撃は実によく統制されていた」

5月3日、ドナルド・E・アダムズ少佐（第51迎撃戦闘航空団、第16迎撃戦闘飛行隊）がMiG-15のペアを撃墜し、勤務表に戦果2機が追加された。5月4日、2機のミーティアF.8のパイロットが、平壌近くを9機のミグが、通常より遙か南を飛んでいるのを発見した。低高度ならオーストラリア空軍のパイロットは、ミグの性能の利点を無効にできる。J・サーマン少尉は二度射撃し、撃墜不確実1機をあげた。弾丸はミグの右水平尾翼に命中し、ジェット排気管は爆発したが、残念ながら墜落を確認できなかった。4日後、ビル・シモンズ少尉がA77-385号機で飛行中、ミグ1機に射弾を浴びせた。敵機はスピンに陥り、そのパイロットは脱出した。シモンズ少尉は後にこう回想している。「私は、この戦闘に我が編隊『ゴッドフェイ・レッド（Godfey Red）』がミグに襲われた時、ミグの方にすばやく回避し、F.8の長所をフルに活用した」。限界ぎりぎりまでGがかかったシモンズ少尉の旋回は、敵が的を外すのを余儀なくさせた。その後、攻守を逆転させて、彼はミグの機尾にしっかりとついた。彼は中国人パイロットの細部まで見て取れるほど獲物の近くを通り過ぎた。

一方、おなじ日にセイバーはレシプロ軍用機2機撃墜という珍しい記録を残した。ジェイムズ・A・マッカレー中尉とリチャード・H・ショーネマン大尉（両名ともに第51迎撃戦闘航空団、第16迎撃戦闘飛行隊所属）がYak-3 1機とIℓ-10 1機を撃墜した。ショーネマン大尉は最終的にMiG-15撃墜公認2機、1/2機公認を2機分合わせて、計3機の空中戦果をあげた。

5月13日、重要なアメリカ空軍のリーダーが失われた。「バド」・マヒューリン大佐が撃墜され、捕虜となった。彼はハリー・サイン大佐の第4迎撃戦闘航空団麾下の第4迎撃戦闘航空群で指揮をとるため金浦基地に転属したのだが、爆撃任務中に対空火器によって撃ち落とされた。この時、彼は「オネスト・ジョン（HONEST JOHN）」と愛称をつけた自機（F-86E-10 51-2747）に搭乗していなかった。マヒューリンが帰還できなかったのは、主翼下の内側のパイロンに2発の1000ポンド（450kg）爆弾を吊り下げ、ジェット機を戦闘爆撃機に変身させようという、早すぎた試みの結果だった。後の攻撃はもっと成功を収めることになったのだが。

5月26日、ピーター・D・ラムブレッチ大佐に率いられたダグラス・スカイナイトのパイロットと支援要員が朝鮮半島の群山に到着した。数週間のうちに14機のダグラスF3D-2は光沢のない黒に赤文字の塗装に改められ、第513海兵夜間戦闘飛行隊に加わった。

その後間もない5月30日に、F-86の操縦を定期的に経験している将校パイロットのグレン・O・バーカス中将が第5航空軍司令官に就任、極東航空軍司令官のオットー・P・ウェイランド中将に直属する地位についた。5月の空中戦では27機のミグ撃墜と引き換えに5機のセイバーが失われた。そして4人がさらにエースとなった。すなわち、ロバート・T・ラットショー大尉が13番目（5月3日）、ドナルド・E・アダムズ少佐が14番目（5月3日）、

ジェイムズ・H・カスラー中尉が15番目(5月15日)、第4迎撃戦闘航空団司令を間もなく離任するサイン大佐が16番目(5月20日)となった。後者はすでに前の戦争でエースであり、そしてもっとミグを戦果に収めることができたはずであった。しかし、彼は自分の編隊で飛んでいる若いパイロットに撃墜の機会を「譲り渡す」ことで知られていた。その時ハリー・サイン大佐自身は誰にも何も証明する必要がなかった。

chapter 4
秀でたセイバー
superior Sabre

　1952年6月13日、ジョン・W・ミッチェル大佐が第51迎撃戦闘航空団の指揮官の座をガブレスキーから引き継いだ。ミッチェル大佐は第二次大戦で11機を撃墜したエースで、ロッキードP-38Gライトニング装備の第339戦闘飛行隊長であり、日本海軍連合艦隊長官山本五十六を戦死させた、有名な1943年4月18日の戦闘機作戦の指揮をとった［本シリーズ第13巻『太平洋戦線のP-38ライトニングエース』を参照］。朝鮮戦争で、彼はMiG-15 4機を自己記録に追加することになり、トリプル・エース(15機撃墜のエース)となった。

　F-86Fの後期型(F-86Fの初期型を含む以前の型が装着していた前縁スラットを交換した)のハード・ウイング［いわゆる6-3ウイングで後述するソリッド・ウイングと同じ］と、オール・フライングテール［音速付近での操縦は従来の昇降舵では効きが非常に低下し、そのため水平尾翼全体を動かすが、F-86では昇降舵と連動させ水平安定板を動かしているので、この名称となっている］が組み合わされると、セイバーは比類のない運動性と、MiG-15が享楽し従来F-86には手の届かなかった上昇限度を凌ぐ機会の双方をもつようになった。

　F-86F型全機の主翼を新しいソリッド［前縁にあった可動式スラットがないという意味］の主翼に付け替える手段が採られた。新しい主翼は、"6-3"ウイングの名で知られたが、その理由は、前縁スラットを取り外して、滑らかで切れ目のない前縁を主翼付け根で6インチ(15㎝)、翼端で3インチ(7.6㎝)延長したからだった。この再設計された主翼上の空気の流れを改善するために、翼幅70パーセントの位置に6インチ(15㎝)の障害板［境界層板／境界層隔板］がつけられた。

［朝鮮のF-86Fを6-3ウイングに改造するキットが本国から送られ、工場生産ではF-86F-25の171号機から、F-86F-30の200号機から新しい主翼になった］

　これでもって、初めてセイバーはすべての状況でMiG-15と戦って勝て

る性能を獲得したわけである。ハード・ウイング［6-3ウイング］つきのF-86Fは52000フィート（15850m）で活動でき、上昇率も改善され、旋回半径も小さくなり、水平飛行ではF-86Eよりも少なくとも10ノット（18.5km/h）早く飛べた。

6月15日、第4迎撃戦闘航空団のジェイムズ・F・ロー中尉は5機目のミグ撃墜を果たした。この戦争で17番目のエースであり、彼はもっとも若い階級のアメリカ人エースでもあった。もっとも「ダッド」・ロー中尉の実年齢はその階級から連想するほど若くなく（彼は第二次大戦では海軍の下士官だった）、たった6カ月前に飛行学校を卒業したばかりだった。彼はF-86Eやその後の型式のセイバーに搭載されたA-4自動射程距離測定照準器の使用法を苦もなく学びとった。長い経験をもつパイロットたちが新技術の到来に適応させねばならなかったのに対して、彼は自分の未経験な点を利点に生かせたわけである。

後に、「ダッド」・ロー中尉は、同僚のセイバー乗りのジェイムズ・ホロウィッツが、ジェイムズ・ソルターのペン・ネームで著した小説『The Hunters』にペル［エド・ペル中尉］という架空の人物で登場する。小説での「悪漢」ペルは傲慢で、危険を冒す、若い戦闘機乗りとして描かれ、小説を映画化した時［20世紀フォックスが1958年に製作、邦題は「追撃機」。ビデオ化もされている］にはロバート・ワグナーが演じた。

6月20日、北朝鮮のプロペラ戦闘機がまたちらりと姿を現わし、第4迎撃戦闘航空団のセイバー乗り、ロイヤル・N・ベイカー大佐、フレデリック・C・「ブーツ」・ブレス大尉とジョージ・J・ウッズ中尉が各々ラーヴォチキンLa-9を1機撃墜した。

7月、第39迎撃戦闘飛行隊「コブラズ（Cobras）」が改良型のF-86Fを受領し始め、本部隊は鴨緑江沿いの空中戦に投入される、最後のセイバー飛行隊となった。F-86F型もミグに対しての運動性を大幅に改善したオール・フライングテールをもっていたが、初期の型は前縁スラットもつけていた。そして、前縁スラットつき主翼が"6-3"ハード・ウイングと交換された時にのみ、F-86はMiG-15に対してあらゆる点で秀でることになった。

第4迎撃戦闘航空団、第335迎撃戦闘飛行隊のクリフォード・D・ジョリー大尉は5機目のミグを8月8日に撃墜して、18番目のエースとなった（彼は前日に1回の空中戦闘で2機の戦果をあげている）。翌日、英国海軍航空隊のピーター・「ホウギィ」・カーマイケル大尉が英国レシプロ発動機つき戦闘機乗りでMiG-15を最初に撃墜したパイロットとなった。彼は漢川と平壌との間の鉄道破壊の任務についていると、彼の僚機がミグが接近してくると警告した。彼はシーフューリー戦闘機4機からなる小隊をシザーズ［おたがいに旋回を切り返して防衛から攻勢に取ろうとする動作］させて敵を迎え撃ち、4機からなる2個小隊のミグが彼に飛来するのを見た。それと同時に、カーマイケル大尉はMiG-15と向き合う針路をとった。双方が

土嚢で防護された水原（スウォン）基地のあわただしいフライトライン。この写真を撮影したのはエースのハンク・バトルマン中尉である。第25迎撃戦闘飛行隊のF-86E、ほぼ全機のパトロール出撃準備ができたことを示している。手前に見えるのは飛行隊長のジェット機で、機首の銃口の背後に二本の帯でそのことが明確に表示されている。彼はF-86の主翼の上でサインしており、それを彼の機付長が中佐の肩越しに見ている。
(Henry Buttelmann)

ジェイムズ・ホロウィッツ大尉は、ウエスト・ポイントの1945年卒業生であり、1952年7月4日にMiG-15を1機撃墜した。その時、彼は第4迎撃戦闘航空団、第335迎撃戦闘飛行隊でF-86Eを操縦していた。ホロウィッツ大尉はセイバーと同様にタイプライターもこなし、ジェイムズ・ソルターのペンネームで1冊の小説『ザ・ハンターズ』を発表した。それは朝鮮戦争で戦うセイバー・パイロットたちの物語だった。(Martin Bambrick)

銃口を開いたが、どちらもどこにも当てられなかった。

シーフューリーは数分の間、ミグと格闘し、ある時点で、カーマイケル大尉は1機のジェット機が同僚パイロット、ブライアン・「スモー」・エリス大尉機の前面で引き起こすのを見た。エリス大尉は英空軍からの交換パイロットだった。

第4迎撃戦闘航空団、第335迎撃戦闘飛行隊のパイロット、エースとそのウィングマンたち。左から右に、ジェイムズ・ホロウィッツ（MiG-15撃墜1機）、ジェイムズ・F・「ダッド」・ロー（MiG-15撃墜9機）、アル・スマイリー、コイ・オースチン（MiG-15撃墜2機）と、葉巻をくわえたフィル・「ケーシー」・コールマン（MiG-15撃墜4機と第二次大戦での撃墜5機）（Martin J Bambrick）

「それから、その機体は他のミグの何機かと一緒に北方向に速度を緩めて向かった。そして、さらに2機のミグが私の方に正面からやってきた。だが、何も起こらず、下方に別の機体が非常にゆっくりと飛んでいるように見えた。そこに向かって行き、射撃し、300ヤード（270m）まで接近した。この間ずっと撃ち続けていた。ミグの姿は美しかった。それは空中を滑空しているように見えた。一時的に機影を見失った。旋回して肩越しに見ると、1機の航空機が地面に突っ込み、爆発するのが見えた。一瞬、あれは自分の部下ではないかとの惨めな気持ちになった」

無線点呼を取って見ると、シーフューリー4機はすべて無事で、1機のMiG-15はそうでなかったことがわかった。ミグのパイロットは低速だが運動性に富むシーフューリーと、ドッグファイトを交わす誤りを犯したのだった。カーマイケル大尉のミグ撃墜の際の乗機はシーフューリーFB.Mk11、WJ232、機体コード「114」だった。

［カーマイケルの所属した第802飛行隊の日誌によれば、戦闘は鎮南浦の北約15マイル（24km）で発生し、地上にはミグが1機墜ちていた。4〜5分の激しい戦闘で、各機ともにミグに発砲、混戦の中で各機が撃墜を主張したが、カーマイケルが小隊長として撃墜を公認され、空母「オーシャン」艦長も彼に飛行隊からの殊勲飛行十字章推奨を認めた］

18番目のアメリカ軍エース、クリフォード・D・ジョリー大尉は、最終的に7機のミグ撃墜を記録した。写真では飛行隊の同僚カール・ディットマーが彼のために海賊旗を描いてくれたヘルメットを手にしている。ディットマーはF-86 3機のノーズアートを手掛けた。（Karl Dittmer）

ハード・ウイング・セイバー
Hard-wing Sabre

1952年8月、もっとも重要な出来事が起きた。F-86のパイロットたちはミグ通りで相手機からの利点をもぎ取り始めていたのだ。この月、ミッチェル大佐指揮下の第51迎撃戦闘航空団は主翼前縁が固定式の3機のF-86Fで最初の任務についた。"6-3"ハード・ウイングつきジェット機は、（F-86Aから始まる）非常に有望性を見せた機体の最終変遷型で、運動性を改良するために開発され（F-86E）、最終的にはミグが楽しんできた高度の優位性を打ち消した（スラットつきF-86F）。セイバー乗りは、依然として数では劣勢だったが、もはや打ち負かされることはなかった。"6-3"ハード・ウイングつきF-86Fで、彼らは戦場を支配した。

9月4日、「ブーツ」・ブレス大尉は4機目と5機目のMiG-15を撃墜、19番目のアメリカ人エースとなった。その日、非常に数で劣るセイバー乗りは激しく、延々と続いた決闘でミグ撃墜13機をあげ、4機を失った。6日後、海兵隊の第312海兵攻撃飛行隊「チェッカーボーズ」の1隊がミグに攻撃された。本部隊は、当時、護衛空母「シシリー」に搭載されていた。ジェス・G・フォルマー大尉とウォルター・E・ダニエルズ大尉は上空から8機

1952年8月9日の歴史的な任務を終えて、勝利に輝く第802飛行隊のピーター・「ホウギィ」・カーマイケル大尉が英空母「オーシャン」に帰艦した。後に彼はMiG-15の操縦がへたくそだったおかげで圧勝できた幸運を回想している。

のMiG-15に攻撃された。ミグは戦闘区域から逃れようとする、低速のF4U-4Bに向かって射撃する機動を繰り返した。1機のミグがコルセアへの攻撃機動を終えた後、側方に避退するかわりに、フォルマー大尉機の銃口のまん前で引き起こした。20mm砲の速射がミグを火だるまにし、ジェット機は数分後に墜落した。別のミグが37mm砲の一連射で報復し、フォルマー大尉は脱出を余儀なくされたが、救助され、艦に戻った。ダニエルズ大尉は被弾せず、無事に空母に帰還した。

F-86のパイロット、ロビンソン・リスナー大尉(第336迎撃戦闘飛行隊)が、9月21日に4機目と5機目の戦果をあげて、この戦争での20番目のアメリカ人エースとなった。彼は第二次大戦ではパナマで戦闘機に搭乗。後にオクラホマ・エア・ガード[エア・ガードはアメリカ空軍補助空軍に相当し、各州ごとに編成。略称はANG。朝鮮戦争でも動員された]に参加していた。彼は朝鮮戦争への切符を偵察任務に応じて得たが、それから、急に魅力を発揮してF-86Aへ転属した。T・R・ミルトン将軍による公刊戦史は、リスナー大尉への賛辞を意図したものだが、偶然にも、朝鮮戦争の戦闘に新しい全体像を提供してくれる。

「F-86セイバーはジェット時代の新しいエースたちがスターの座を獲得した乗り物であり、ミグ通りは彼らの舞台だった。アメリカの国民は朝鮮戦争自体には嫌悪感をもったり、冷淡に見ていた。しかし、ミグ通りの戦いは、この戦闘とはほとんど影響されることなく見られて、まるで国際的なスポーツ競技会の雰囲気をおびるようになった。ジョー・マッコーネル、ジム・ジャバラやピート・フェルナンデスらのトップの栄誉に向けてのレースは第一面を飾るニュースであった。これらは、フランシス・ガブレスキー、ジョン・メイヤーやロビン・オールズらの第二次大戦エースの偉業をかすませ、ジェット機による戦闘は子供の遊びだけに限られないことを証明した。ミグ・キラーの最高位を狙っての戦いは、一方で、あまり知られていないエースたちの業績を目立たなくした。リスナー大尉もそういったエースのひとりだった」

こうした洞察には意義があるものの、「歴史の誤り」への危険を物語る。たしかに、若者の間には"エース競争"があったが、それは遙か数カ月も後のことだ。またロビン・オールズが朝鮮半島に最も近づいたのは、F-86D部隊でピッツバークにいたときだった! だが、公刊戦史は問題を浮かび上がらせており、ミルトン将軍は続けていう。

「リスナー大尉は第4迎撃戦闘航空団へ転属したものの、ミグ通りでの激しい競争ゲームによってもたらされた、厳しい処遇にさらされた。彼は最初の日から空戦に向いていることを見せつけた。そして、偵察部隊からの新人が戦果をあげ始めると、古参の数人からのちょっとした嫉妬に直面しなければならなかった。深刻な問題ではなかったが、当時の雰囲気を反映する

第336迎撃戦闘飛行隊のロビンソン・リスナー大尉は、1952年9月21日に、4機目と5機目の撃墜をあげて朝鮮戦争で20番目のアメリカ人エースとなった。彼は後に北ベトナムで戦争捕虜となった3人の朝鮮戦争のエースのひとりとなる。他の2人は、ジェイムズ・カスラーとジェイムズ・F・ローだった。帰国後、准将で空軍を退役したリスナーは、全アメリカ空軍戦闘機パイロットのなかの偉大なひとりであると広く認められている。(USAF)

第4迎撃戦闘飛行隊のセイバーのまとっているマーキングは、1951年末期か1952年初期に最終的に決定したものだ。胴体と主翼の黄色の帯は、F-86使用部隊の標準となったが、尾翼の黄色の帯は第4迎撃戦闘航空団のトレードマークであった。手前のジェット機はF-86A-5-NA、48-195で朝鮮で実戦に使用されたもっとも初期のセイバーの1機であり、本航空団で戦力として最後に残ったA型の1機でもある。(USAF)

このF-86Eは、リスナー大尉が第336迎撃戦闘飛行隊へ配属されていた当時に部隊の戦力だったが、個人マーキングが全然見られず、汚れのない点が変わっている。ただし、飛行隊特有の「ロケッティアーズ（Rocketeers）」の隊章を操縦席の下に誇らしげに描いている。
(Eugene Smmerich via Jerry Scutts)

エースのジョリー大尉と忠実なる機付長アーニィ・バラッズ曹長が、"彼らの"F-86E-10-NAの前でポーズをとったところ。機体にはカール・ディットマーの芸術的創作活動の一例が見える。後者は8月1日と9月9日に2機のミグを仕留めたが、ジョリー大尉の7機の戦果のすべては第335迎撃戦闘飛行隊「チーフス（Chiefs）」で、1回の服務任務中にあげたものだった。(Cliff Jolley)

ものだった。F-86のパイロットたちは他の点では人気のない戦争で魅力的に映る若者だった。そして、魅力はそう簡単には分配できるものではなかった。規則のひとつの例外はピート・フェルナンデス大尉が30機のミグを追い込んで、助けてくれるものは誰でもと、リスナーの小隊に呼びかけた日だった。

「いぜれにせよ、リスナー大尉は8機撃墜への道をまっしぐらに進み、早い時期に彼が航空戦のメジャーリーグに所属していることを証明した。彼のもっとも波乱に富んだ一日はこれまで聞いた最高の戦記のひとつとなり、そして撃墜1機を記録した。

「リスナー大尉と彼の僚機は鴨緑江河口の化学工場への戦闘爆撃任務の護衛で飛んでいた。広く展開していた敵機阻止スクリーンが旋回すると、彼ら2機は安東（タントン）の中国飛行場上空に達した。すぐにリスナー大尉は1機のミグと交戦に入った。30000フィート（9150m）から地表まで続くドッグファイトは、まるで映画「スター・ウォーズ」のクライマックスの実写版だった。ミグは横転、半横転、失速し、背面旋回を行ったが、リスナー大尉はその間ずっと追尾し、敵がピッパー［照星：照準器の中心にある丸い光の点］にあればそのたびに射撃した。一度、彼らは、翼端と翼端を並べ、たがいを見つめ合う、近接編隊隊形になったこともあった。ミグが追跡されながら、音速に近い速度で降下し、半横転し、「スプリットS」を高度1500フィート（450m）で始めたときは終わりを予感させた。この機動は自殺行為に思えたが、パイロットは水のない川に沿って引き起こし、埃と小石を後流で吹き上げた。ふたたび、ゲームは続き、リスナー大尉は一瞬、敵の曲技飛行に魅せられたが、追跡を続けた。

「ミグは彼らを中国の飛行場の格納庫の間に誘導、それから、滑走路沿いに飛んだ。リスナー大尉の僚機は依然として編隊を維持し、対空砲火が激しいことを警告した。ついにミグは墜落し、リスナー大尉が見たうちで最高のパイロットも運命をともにした。そこで、帰還の問題が生じた。僚機の燃料タンクは被弾し、燃料を急速に失いつつあった。彼が基地に帰還できる望みはまったくなかったが、椒島（チョット）には救助隊がいた。絶対に自信があるような振りをして、リスナー大尉は僚機にエンジンを止めさせ、自分が押していくから待機するようにと告げた。

「ジェット戦闘機を他のジェット戦闘機で押して行くのは、パイロットの訓練項目にはない。事実、かつて誰かが試みて成功したか、あるいは今後も成功するか疑問だが、この日はうまくいった。流れ出る作動油がリスナー大尉の視野をおぼろにしたが、彼はエンジンの止まったF-86を椒島に向けて押して行き、そこで僚機のパイロットは脱出した。脱出は成功だったが、悲しむべきことに、風が落下傘をひきずって、彼は溺死した」

数日内に同様な出来事が「ブーツ」・ブレス大尉に起きた。彼はMiG-15撃墜8機とLa-9の撃墜1機という戦果で当時のトップエースだったが、ミグ通りでの任務遂行中に燃料が切れてしまい、黄海で脱出した。今回はグラマンSA-16アルバトロス水陸両用機が彼を救助した。

ロケット加速の実験
Rocket Boost

　1952年9月、誤った動機で、金浦基地の第4迎撃戦闘航空団、第335迎撃戦闘飛行隊からパイロットが選択され、そのうちのひとりがいう「我々の6つの秘密兵器」を装備したF-86の実験を行った。これは初期のF-86Fの機体内に3基のロケット加速モーターを装備するように改造されたものであった。モーターはJATO（離陸用補助ジェット）ボトルに基づき、このボトルは過荷重の軍用機の離陸を助けるのに使用されるものだった。このロケットモーターは同時に点火、あるいは、1基ずつ連続して点火できた［この装置は後部胴体の主車輪収容部のすぐ後、エンジンの圧縮器部分の下に収納され、このため胴体が張り出しているが、前方から見た写真ではわからない。出口は主翼後縁の胴体下部に出ている。点火持続時間は38秒］。

　彼等のひとりの回想によれば、「これら（ロケット加速つきF-86F）のうちの3機は我々が使用していたF-86AやE型のように主翼にスラットをつけており、他の3機は固定前縁の主翼で、最新型のF-86Fが装備するタイプだった」［全機かどうかは不明だが、少なくとも3機が築城基地で改造されたという］。

　「クリフォード・ジョリー大尉は、我々は改造機を小隊内に混在させるのでなく、2機のペアずつで編隊を組んで使用すると決めた。我々のテストではJATOは全部を一時に点火するのがもっとも効果的と判明した。

　「私は3回の任務飛行を9月に"F"［型改造機］で行ったが、複雑な感じだった。高空では機体は安定を保とうとせず、数秒間高度を取ろうとすると、次には高度を下げようとした。いくら一生懸命にやっても、こいつに、この動作を止めさせることができなかった。我々は機体を2機の分隊で、かつ、浮動先導隊でしか飛行しなかったが、常におたがいと同調しないように思えた。きつい旋回では、後部胴体燃料タンクを満載にしたP-51に比べても最悪だった［P-51はD型以後、後部胴体燃料タンクを設置したが、これに燃料を満載すると重心が後方に下がり、縦安定がマイナスとなった。さらに急旋回では、途中から舵をとられた。また、燃料残量によって運動の種類が制限された］。つまり、必然的な失速を止めるのは操縦桿をかなり前に押さねばならなかった。

　「プラスの面では、ミグとこちらの機体の間隙を詰めたいと思うときには、3000ポンド（1360kg）の余分な推力をもっているのは魅力的だった。そして、点火されると、機体は正常に飛行した。私はジョリーが黄海に不時着水した直後に、かれと改造機に乗って飛んでいた。誰かが、ミグが安東から河を上ってくると報告した。我々はその区域に行ってみたが、何も見つけられないうちに我々両機の燃料が少なくなった。金浦に向けて旋回したとたん、1機のミグが、鴨緑江のこちら側で安東に向かっているを発見し

第336迎撃戦闘飛行隊「ロケッティアーズ」のF-86が金浦基地からミグ通りへのコンバット・スイープ（戦闘機掃討）にと離陸していく。前方の機体はノースアメリカンF-86E-10-NA、51-2834「アンクル・ドミニックⅡ世（UNCLE DOMINICK Ⅱ）」、後方の機体はカナディアF-86E-6-Can、52-2857。後者はアメリカ空軍向けにカナダで60機製造されたうちの1機である。セイバーのE型は「オールフライング・テール」を導入して運動性を向上し、MiG-15との性能の差を縮めた。朝鮮戦争開戦1年後に、第4迎撃戦闘航空団は所属のセイバーに黄色の帯を描き、所属機の尾翼にも黄色の帯を描いて他の戦闘航空団とは区別していた。(Sherman Tandving)

た。ジョリーに呼びかけ、敵機の方に向かった。彼は燃料が乏しいことに触れたが、私はとにかく攻撃する方を選び、我が12.7mm機銃の射程にやっとの約2000フィート（610m）に接近した。敵をとらえて数撃を浴びせたが、攻撃を急ぎ、有効射程内に近づきつつあることに気づく前に、弾を全部使い切ってしまった。敵が安東にたどり着けるか疑問だったが、それを見るまで待ちきれなかった。

「トロイ・G・コープ大尉と私は何回かロケット装備の"秘密兵器"で一緒に飛んだことがあった。安東に向かい、そこより50マイル（80km）の地点で、コープ大尉が1機のミグの後について射撃を開始した。大尉はJATOに点火、数撃を浴びせかけた。だが、私は2機のミグが背後にやってくるのを見た。彼らはほとんど射程距離内にいたので、私は『コープ、2機が後にやってきたぞ。そいつを撃つのにあきたら避退しろ』といった。だが、私は"すぐさま"左に外せという緊急の通報を受けた。

「なんてこった。こちらはコープ大尉の左にいるのだ。左に急激な回避動作を行うと、1機のミグが右翼を通過したが、手が届きそうな近さだった。彼をやっつけようと旋回した。だが、『駄目だ、駄目だ』との警告がやってきた。左にさっと戻ると、別のミグが右手100ヤード（91m）以内を通りすぎた。その頃には、我が機は完全に失速に陥っていた。操縦桿を前方に倒し、失速から回復しようとしながら背後を見ると両方のミグが射撃位置につこうとしており、こちらは依然として、失速し、落下中だった。彼らはこちらの失速旋回の270度の位置であきらめた。私は高空にと上昇して戻り、我々2機は河におおよそ平行に飛び、海岸を目指した。すぐに、2機のミグが別の2機のミグに続いて我々の前を横切るのを見た。私は旋回して攻撃に向かい、彼らに対して30度の角度で接近していった。接近するにつれて、私が第三のミグのペアと衝突する針路にいることに気がついた！ リーダー機は、私の左のやや上空だった。もしコープが私を見守っているならば、彼はこのペアに気づいていないかも知れなった。そこで、『コープ、別のペアに気をつけろ！』と叫んだ。

「その時には、私は危険な位置にいて、我が機を駆り立てて右方向に半横転して、先導機のミグの頭上にもってきた。これで、彼は不利な位置となった。見ていると、彼は左に旋回を始め、それから右、それからきつい左旋回を行った。私は左に横転、降下した。彼と我が前方200フィート（60m）で交差したので、一撃を浴びせかけようと思った。そうすべきだった。私は彼をずたずたに引き裂けたのだった。しかし、そうしなかったために彼は向きを変え、逆戻りして北に向かおうとしていた。私はそいつの尻尾に穴をいくつか開けただけだった。そこで彼をとらえようと、JATOに点火した。点火中に『コープ、ロケットに火をつけたが、私が見えるか？』と叫んだ。

「反応なし。『何てこった。彼はあの別のミグに撃たれたのだ』と思った。その空域に近づくと、ミグがさまざまな高度にいた。全機が下の森から立

「リザ・ガール（Liza Girl）／エル・ディアボロ（EL DIablo）」は第336迎撃戦闘飛行隊のチャールズ・D・「チャック」・オーエンズ大尉が金浦基地で搭乗したF-86E-10-NA, 51-2800の愛称。朝鮮戦争が混乱を極めていた時期に、鴨緑江の彼方の側のMiG-15部隊をおそらく9機も撃墜して、敵から重い罰金を徴収したと思われている。その撃墜マークは51-2800機の風防の下に描かれている。オーエンズは、1952年半ばに少佐に昇進、1952年4月30日と、8月7日に2機のミグ撃墜を公認されている。写真のジェット機は「ロケッティアーズ」の隊章を塗り消されている。ミグ撃墜マーキングの下の黒いパッチがそれである。
（via Norman Taylor）

第513海兵夜間戦闘飛行隊のダグラス・スカイナイトの小部隊は、1952年11月2日にやっと戦果を収めることに成功した。ウィリアム・ストラットン・Jr少佐とハンス・ホグリンド一等軍曹はB-291機の護衛任務中に「ヤコヴレフYak-15」を1機撃墜した。この歴史的な初のジェット機対ジェット機の夜戦での勝利は、ただちに彼らに勝利をもたらしたスカイナイトの横で祝われた。
（Doug Rogers）
[Yak-15はMiG-15が正解だが、相手機は基地に帰還した]

ちのぼる2本の煙の周囲をぐるぐる廻っていた。

「私は高速度で通過して墜落している機種を識別できるかどうかやって見ようかと思ったが、止めにした。チャンスをものにできたらと願ったが、でも、それで事態を変えられるものでもなかった」

コープ大尉は戦闘中に死亡、加速型セイバーの試験は終了となった。[コープ大尉の戦死は9月16日、51-290機に搭乗していた]

ジョリー大尉は「たった4人の我々だけが、これらの機体を飛ばすのに選定された。理由は、こいつらはパイロットにちょっと特別の"才能"を要求したからだった。機体はテールヘヴィ[重いロケットを後部胴体に搭載したので、必然的に重心は後退し、縦の安定は悪くなる。また、使用後でもまだ270kgの重さがあった]で、35000フィート（10700m）でポーポイジング[機首が上下する状態]し始めるからだった。私はこの装備で、私が撃墜した最後の2機をとらえることができたが、装備なしでも成功していたかも知れない。テールヘヴィによるふらふら動作のせいで、攻撃を始めるのはスプリットSで取りかかった」という。加速計画は破棄された。

1952年9月、第4迎撃戦闘航空団と第51迎撃戦闘航空団のセイバー・パイロットは61機のミグ撃墜と不確実7機の戦果をあげたが、4機のセイバーが空中戦で失われた。

10月22日、第4迎撃戦闘航空団司令としての11カ月の任期を終えて帰国する時、ハリソン・サイン大佐には、彼がMiG-15に対する形勢を一変させたことに満足をおぼえてよい資格があった。サイン大佐は二つの戦争でエースとなり、部下を助けるためにリスクを負おうとするリーダーであり、同時代における最高のアメリカ戦闘航空団司令だったが、いまではほとんど忘れられている。大佐の助力もあって（第4迎撃戦闘航空団はパイロットの赴任に際して第51迎撃戦闘航空団よりも優遇されていた）、1952年10月の第4迎撃戦闘航空団は、空軍によって戦場に送り出された戦闘機部隊でも、おそらく世界最高だった。しかし報道機関はハリー・サイン大佐のアメリカ帰国を完全に無視した

1952年の末、30機という信じられない数のミグが空戦中に一発も撃たれぬまま墜落していった。セイバーのパイロットたちは、不意に襲われる操縦不能なスピン（錐揉み）から中国人パイロットが復帰できないのを、自分たちが観察する立場になっていることに気がついた。これらのスピンの原因が何であったにせよ、ミグのパイロットはもっとうまくやれたはずだ。1953年初頭、24機のミグがスピンに入り、5人のパイロット

ロイヤル・N・ベイカー大佐のF-86E-10-NA、51-2822は、第4迎撃戦闘航空群司令である持ち主にふさわしい芸術作品で飾られている。彼はこのジェット機で数回のミグを撃墜する出撃を行っている。ベイカー大佐は、朝鮮戦争の21番目のエースだが、この写真が1952年晩夏に撮られた時は、まだ撃墜を示す星のマークが機体にひとつしか描かれていない。(via Jerry Scutts)

後方の整備基地である日本の築城基地における写真。手前の「ファーザー・ダン（FATHER DAN）」はF-86E-10-NAセイバー、51-2738で、第51迎撃戦闘航空団、第25迎撃戦闘飛行隊の「タイガー・フライト（Tiger Flight）」（タイガー小隊）の南部同盟の戦闘旗と、青く縁どられた赤と白のサメの"総入れ歯"が描かれている。操縦席の下には3つの赤い星が見える。本機はセシル・G・フォスター大尉に割り当てられたもので、彼は1952年11月22日に23番目のアメリカ人エースとなった。他の多くのエースと同様に、フォスター大尉は9機の空中戦果をあげる過程で何機かのセイバーに搭乗した。風防の前面ガラスのすぐ前、機首上部の整備用パネルなどが開いており、機体の下には、当時、朝鮮や日本の双方で使用された穿孔鋼板が敷かれている。(via Norman Taylor)

他の戦争と同じように、アメリカのセイバー部隊は航空機損失の約半数を非戦闘事故で失った。写真のF-86E-1-NA、50-660、愛称「ピアレスINC（PEERLESS INC.）」には、幾人かの第4迎撃戦闘航空団のミグ・キラーが搭乗した。そのなかで1952年11月28日に50-660機で離陸、金浦基地に帰還した際に大破させたのは、ジョン・フェレビー中尉で、新人パイロットではなかった。
（USAF via John Ferebee）

1952年秋の日に、第335迎撃戦闘飛行隊のカール・ディットマーの同僚たちが写真撮影に集合した。左から右に向かって、マイケル・E・デアルモンド少尉、彼はF-86E、愛称「エリックス・レプライ（ERIC'S REPLY）」で飛行中に撃墜され戦争捕虜となったが、乗機は通常は英国からの交換将校ウィリアム・B・ハービソンが飛行していた。次は、ビリー・B・ドッブズ中尉、彼はミグ4機の撃墜を公認され、後にT-33ジェット練習機の事故で死亡。3人目はゼイン・S・アメル少佐、第335迎撃戦闘飛行隊長でミグ2機撃墜を申請、4人目はブービィ・L・スミス中尉、ミグ1機撃墜、5人目はフィル・E・コールマン大尉、第二次大戦で5機撃墜、朝鮮で4機撃墜、6人目はコイ・L・オースチン少尉、ミグ2機を撃墜申請。（USAF）

が回復できずに脱出または死亡した。他の者はスピンから回復した。このMiG-15の"一時的"問題に関してはなんの説明もされていない。［MiG-15の操縦性に問題があるのは初期のテスト段階からわかっていたが、就役を急いだので、そのままとされた］

いまや、第4迎撃戦闘航空団はジェイムズ・K・ジョンソン大佐によって指揮され、第51迎撃戦闘航空団の指揮はジョン・W・ミッチェル大佐がとっていた。2つのF-86群はつねにミグ通りでの激しい戦闘に挑戦した。

11月2日の真夜中を少しすぎた頃、ウィリアム・T・ストラットン少佐とレーダー手のハンス・ホグリンドー等軍曹の搭乗する第513海兵夜間戦闘飛行隊のダグラスF3D-2スカイナイトが、共産側のジェット機とレーダー・コンタクトを得た。彼らは、この機体を直線翼のヤコヴレフYak-15ジェット戦闘機［ソビエトの初代ジェット戦闘機。ドイツのユンカース・ユモ004をコピーしたジェットエンジンをプロペラ戦闘機のYak-3の機首に装着した。MiG-9とともに制式採用になり、急遽量産に入った］と信じたが、確認はいまだ取れていない。2人は接触を失ったが、ふたたびコンタクトを得た。ストラットン少佐は、夜の空を目を細めながら見て、「ヤク」のジェットの排気のオレンジ色の輝きを発見した。機関砲で三度射撃し、最初の射撃はヤクの左翼をとらえ、第2撃と第3撃は胴体部分をとらえた。敵機は炎に包まれて落ちてゆき、スカイナイトの乗員は煙と破片の燃焼するガスの間を飛び抜けた。この戦闘は、ジェット機が、機上搭載迎撃レーダーを使って夜間にあげた最初の戦果だった［ロシアの記録では、相手機はMiG-15で、第133戦闘飛行師団、第147親衛戦闘機連隊所属機。同機は火災の消火に成功して基地に帰還した。したがって、MiG-15とF3Dの最初の交戦ではあるが、ロシア側は敵夜戦の初勝利と認めていない］。11月8日、オリバー・R・デイヴィス大尉がF3D-2でMiG-15を撃墜、海兵隊でのジェット機対ジェット機の最初の公認戦果を挙げた［相手パイロットのコバリョブ中尉（部隊不明）は脱出した。ロシアの記録は、これが夜戦での初撃墜と認めている］。

11月17日、第4迎撃戦闘航空群司令のロイヤル・N・ベイカー大佐は21番目のアメリカ人のジェット・エースとなり、彼は総計12機のミグと1機のLa-9撃墜をあげた。18日、第4迎撃戦闘航空団、第334迎撃戦闘飛行隊のレナード・W・ビリー・リリィ大尉は5機目のミグを

撃墜、22番目のエースとなり、2日後にポール・E・ジョーンズ大尉（第51迎撃戦闘航空団、第39迎撃戦闘飛行隊）が1回の交戦で2機のミグを撃墜するという珍しいダブル・スコアをあげた。11月22日、第51迎撃戦闘航空団のセシル・G・フォスター大尉が23番目のエースとなった。

　カール・ディットマー大尉（第4迎撃戦闘航空団、第335迎撃戦闘飛行隊）はエースになれなかったパイロットのひとりで、戦果合計は3機。1952年8月1日にMiG-15 1機、9月10日に2機の撃墜を報した。彼は自機に「ベティ・ブープ（BETTY BOOPS）」の愛称を描いた他に、マーティ・バンブリックの「ワム・バム（WHAM BAM）」、トロイ・G・コープの「ロージー（ROSIE）」、ハンク・クレスクライブの「ニューアーク・ファイアボール（NEWARK FIREBALL）」機の愛称も描いている。金浦基地から離陸してミグ通りに向かう時の心境を、ディットマー大尉は次のように語っている。

「我々は警戒態勢を維持しようとしていた。鴨緑江を越えて"敵機"がやってくる時をとらえるのが肝心だった。時々は、椒島のレーダー基地、コールサイン「デンティスト」に助けられることがあり、時には驚かされることもあった。もし誰かがミグを発見し、時間にゆとりがあったら、他の小隊がその位置と大体の方角がわかる報告をした。ある日、我々2機は約50機のミグの大きくて、ゆるい編隊を発見した。我々は彼らの真ん中に飛び込んだ。これは愚かな行動に思えるだろうが、数で劣っているのことが、非常によい強みを与えてくれる。私は僚機の位置を知っており、僚機も私の位置を知っていた。そこで、我々はその他すべてを撃ちまくればいい！

「どのくらいたくさんのミグに当てたのかわからないが、何機かには有効弾を与えた。1機のミグが前下方を横切っているのを発見した。攻撃位置に一直線になるように旋回したが、余分な高度を生かしてよい射撃位置につくようにし、引き金を絞った。何も起こらなかった。弾切れだったのだ。怒り心頭に発した。もし、できたなら、操縦桿を引き抜いて、ミグのパイロットの頭をぶん殴っただろう。そのかわり、我々は帰還した。数日後、金浦基地の北端にある移動管制部隊での任務を引き受けた。ラジオから聞こえてくるおしゃべりから、連中がミグを見つけた違いなかった。まもなく、部隊は機首を6挺の12.7mm機銃弾の発射で黒く汚して帰ってきた。

「交信はほとんど止んでいたが、ひとりのパイロットが呼ぶのが聞こえた。『金浦、こちらは約30マイル（48km）、高度15000フィート（4600m）、フレーム・アウト（エンジン停止）』『了解。南向きに着陸させている』。

「海兵隊のコルセア3機が滑走路に向かってタキシング中だった。そこで、自分のマイクのボタンを押して『金浦タワー。そこのF4Uを手前で止めろ。F-86が1機、フレーム・アウトで帰ってくる』。だが、F4Uは止まらなかった。ふたたび呼びかけたが、効果なし。1番機の左に3番機、右に2番機で、滑走路に出た。私はタワーに怒鳴った。『あのコルセアの野郎どもを滑走路から追い出せ！』。1番機はスロットルを押し、2つのマグネトーをチェックし、それから馬力を上げて、滑走路を加速し出した。私は、コルセアにとっとと滑走路から立ち退けとわめき続けた［マグネトーは永久磁石発電機で、発動機の点火栓に配線され、エンジンを点火させる。各シリンダーごとに2個の点火栓があり、各々独立、あるいは両方同時に点火させる。普通は2個同時に使用するが、離陸直前の点検は1個ずつ行う］。

「1番機が滑走路遥かに進んでしまうと、2番機が、マグネトーをチェック、

1952年末の群山（クンサン）基地で、厳しい朝鮮の冬に備えて厚着をしているのは、氏名不祥の海兵隊の地上整備員で、"彼の"第513海兵夜間戦闘飛行隊所属のスカイナイト夜戦の前に立っている。肥満体のダグラス製の夜戦にはレーダセットが3組搭載されていて、ジェット機を部隊に配属されている技術チームにとって幾分、整備上の重荷になっていた。第513海兵夜間戦闘飛行隊の愛称、「フライング・ナイトメアズ（Flying Nightmares）」はしばしば、敵側より味方側にびったりな時があった。（USMC）

ブレーキを緩めて、滑走路を走りだした。私は依然、マイクに当たり散らしていた。3番機がちょうどマグネトーをチェック終わった時に、フレーム・アウトしたF-86がビューンと彼を追い越し、着陸した。3番機は、何も起きなかったように、彼を通りすぎて、離陸していった！

「別の日だが、私に飛行予定のない時、航空基地群司令のある中佐が私のF-86Eで飛んだ。彼の僚機は我々の部隊にまだ少し残っていたF-86Aで飛行した。A型は昔からの操縦方式であるのに対して、それ以降の全部の型は油圧操縦方式だった。大佐は非常に低空にいるミグを発見した。そこで、彼と僚機は急角度の降下で攻撃に向かった。大佐は引き起しをちょっとばかりきつく行ったので、一瞬ブラックアウト［G（重力加速度）によって一時的に脳や眼球に血液が届かなくなって視界が暗くなったり視野が狭くなる症状］となった。これはあたりまえだった。機体にかかったGを記録する計器の針は最高値の11Gを示していた。機体は9Gで破壊するとされていたが、設計値より強固だった。とにかく、彼は攻撃をブラックアウトでふいにした。彼の僚機は急降下から想定した高さで引き起しできずに、ミグよりはるか低高度で引き起してしまい、彼の攻撃も無駄だった。オーヴァーストレスで主翼後縁付け根の胴体に小さな皺が残った。我が乗機はそれ以後はちょっと早くなった！

「また、別の日のことだが、クリフォード・D・ジョリー大尉が戦闘に入り、燃料が非常に少なくなったので、戦いを打ち切り、基地に向かった。だが、無傷で抜け出すことなどできなかった。1機のミグが彼の乗機を1発の機関砲弾で穴だらけにし、彼のヘルメットの左の耳当てをたたき落とした。ジョリー大尉は帰還するに十分な燃料が残っていなかったので、黄海で脱出しなければならなかった。彼は近づいてくる海面との距離を知るために駄目になったヘルメットを捨てた。幸いにも、救助ヘリコプターが順調に彼を救い上げた」

［この戦闘は1952年7月4日と思われる］

　12月10日の夜、第513海兵夜間戦闘飛行隊は種類の異なる最初の撃墜を記録した。それは、海兵隊でもっとも経験豊かな電気"魔法使いたち"の1組を巻き込み、目視なしの接触を要求した航空戦での戦果だった。ジョーゼフ・A・コルヴィ中尉はF3Dのパイロットで、地上では部隊の電子専門家だった。彼と、レーダー手のダン・ジョージ軍曹は新安州付近を飛行していると、レーダー手がスコープに1機の機影をとらえた。目視識別には距離が遠すぎたので、目標をレーダー管制射撃にロックし、コルヴィ中尉はレーダーに見えたものに砲火を開いた。

　コルヴィ中尉は後に回想して、「我々は、レーダー手が、翼と燃える破片が飛び去るのを報告するまで、相手を撃墜したかどうかわからなかった」といった。かくして、コルヴィ中尉は新しいレーダー装置で、実際に敵を

群山基地で非常に見慣れた光景。1機のF3D-2がそのAN/APG-26機砲ロックオン・レーダーを次の出撃に備えて調整している。第513海兵夜間戦闘飛行隊は1953年1月に本機24機を前線に配備していた。これらの機体を飛ばせるようにする整備陣の努力は"海兵隊"の功績に帰するものだった。本基地の施設は基本的なもので、気まぐれで変わる天候はダグラス製ジェット機の電気系統担当整備員に大騒ぎを演じさせた。(James Goff)

地上での辛い長時間の仕事にやりがいを見いださせるのはスカイナイトの搭乗員が敵に損害を与えた時だ。1953年1月12日、ジャック・ダン少佐とローレンス・フォーティン曹長はMiG-15 1機を新義州（シンウィジュ）近くで撃墜した時にそれを果たした。共産側の戦闘機は北朝鮮に向かうB-29の編隊を迎撃しようと試みた数機のうちの1機だった。写真ではダン少佐が殊勲飛行十字章を佩用しているのが見てとれる。この勲章は彼の空中戦での勝利の後で授与された。(USMC)

とらえ、ロックし、射撃した最初のパイロットとなった。敵はPo-2で、木と羽布の混合構造のためにレーダーでとらえ難い飛行機だった。その同じ夜、コルヴィ中尉とジョージ軍曹は、別の1機を撃墜不確実と公認された〔これはF3Dの3機目の撃墜〕。

　12月には、北朝鮮は「ベッドチェック・チャーリー」、嫌がらせ襲撃に2番目の航空機種を導入した。新機はヤコヴレフYak-18で、初等練習機として設計されていた。Po-2ほど数は多くなかったが、だが、夜の戦いではやはりその一要素となった。本機は、Po-2よりわずかにレーダーでとらえやすかった。1945年に初飛行し、羽布と金属で金属構造の外側を覆っていた。単純な機械で、2人の乗員席を縦に並べ、密閉風防で覆っていた。その乗員は魅力的な目標の上空を飛行している時には、風防を開けるのをためらわず、手持ちの爆弾を放り投げた。Yak-18が主翼の下に兵器搭載用の懸吊架をつけていたかはさだかでない。エンジンは160馬力のM-11FR空冷発動機で、その最大速度の時速154マイル（240km/h）は夜戦の搭乗員にとって狂気のさただった〔F-94のようなジェット戦闘機にとって、この速度は着陸速度よりややましだが、夜の戦闘には危険だった。F-94が低空で撃墜したPo-2に衝突して墜落することがあって、空軍は高度600m以下あるいは速度260km/h以下での戦闘を禁止した。カラー塗装図40の解説を参照〕。戦闘行動半径は約310マイル（500km）で、Po-2よりやや航続力はなかったが、それでも脅威のひとつに違いなかった。

　朝鮮の国連軍は、1953年には1485機の空の艦隊と向かい始めていた。その内訳はMiG-15が950機、プロペラ戦闘機165機、イリューシンIℓ-28双発ジェット爆撃機100機と、他の機種270機である。第5航空軍の司令官、グレン・O・バーカス中将には特にIℓ-28爆撃機が気がかりだったが、そのうちの2機が鴨緑江沿いに挑発的な通過飛行を行ったものの、これが最初にして最後に見せた爆撃機の姿であった。イリューシン双発ジェット爆撃機がふたたび現れることはなかった。

スカイナイトの戦果
Skyknight Kill

　朝鮮のダグラスF3D-2スカイナイト戦力は1953年初頭には24機に増加した。いまや、海兵隊は夜間に北に向かうB-29爆撃機を護衛して本格的な支援を提供することが可能となった。でっぷりしたスカイナイトは艦載夜間戦闘機として設計されたが、実戦で空母の甲板から飛び立つことはなかった。F3D-1は第二次大戦後の1948年3月23日に初飛行を行い、推力3000ポンド（1360kg）のウェスティングハウスJ34-WE-24ターボジェットエンジン2基を動力としており、エンジンは直線翼の付け根の下の、前部胴体の下部に搭載されていた。パイロットとレーダー手は並列に座った。朝鮮戦争に導入された総重量26850ポンド（12180kg）のF3D-1型は、エンジン2基でも馬力不足で、武装は20mm砲4門だった。F3D-1は最大速度の時速565マイル（910km/h）を20000フィート（6100m）で出した。F3D-2型はエンジンと機上搭載迎撃レーダーに改良を施したもので、機体は大きく、野獣のように見えたが、夜の任務には実力を発揮した。

　1953年1月12日、第513海兵夜間戦闘飛行隊のジャック・ダン少佐は、レーダー手のローレンス・フォーティン曹長を伴って、つや消しの黒いス

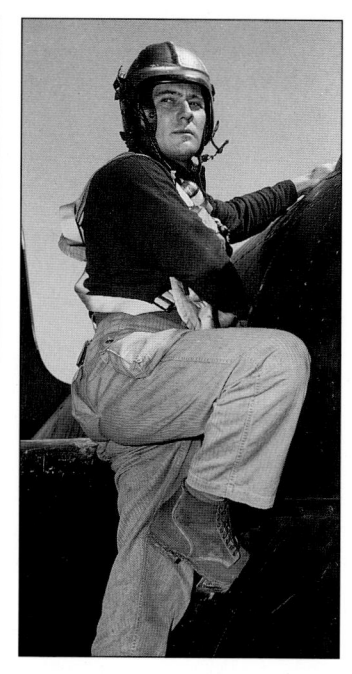

朝鮮戦争でのスカイナイトの6機目にして最後の戦果は、第513海兵夜間戦闘飛行隊のこの戦争最後の隊長ロバート・F・コンレイ中佐が獲得した。どちらかといえば、妥当なことだった。彼は襲いかかるMiG-15からB-29を守ろうとして1機のロシア戦闘機の撃墜を報じた。この写真は、コンレイ中佐の1953年1月31日の勝利の直後に撮影されたもので、この時期の海兵隊のパイロットが着用している基本的な飛行装備が完全に写されている。

カイナイトで飛行していた。彼らは新安州付近でMiG-15と交戦した。ダン少佐は回想する。

「その日は真の闇夜で、ちょうど真夜中だった。ミグはいたるところにいた。彼らは爆撃機の流れから我々をおびき出し、引き離そうとして、爆撃機の編隊の縁すれすれまで飛行して、それからすばやく旋回して鴨緑江の方に戻ったりした。我々はずっとB-29と飛行を続け、B-29は新安州の目標を損害なしに爆撃できた。

「爆撃機の群れが南に向かった後、我々F3Dはその地域に残って、地上レーダー管制が我々を各地区で活動する"敵機"へと誘導した。前触れもなく、主翼のライトを点灯した航空機が我々の前に飛び込んだ。我がレーダー手は敵をスクリーンにとらえ、追跡する方位を知らせ始めた。同時に、私は椒島の地上管制官に我々が遭遇したものを通報した。管制官からはその付近に友軍機はいないとの回答を得たので、敵機を追跡に入った。"ロックオン"［レーダーによる目標の自動追尾］を得るにはほとんど5分近くを費やしたが、我々は接近に接近を重ねた。F3Dが遙かに優速のミグと間隔を詰められるとは不思議だった。このため、私は敵のパイロットが"仮病を使って"、我々の射程距離からちょっと外を飛びながらも、追跡しやすい近距離に留まっていると推定した。椒島の地上管制官は我々が先ほどの爆撃目標だった新義州の上空に戻っていると告げた。敵戦闘機は、依然として主翼のライトを点灯したまま、左に旋回を始めた。

「その瞬間、地上の約6基の照空灯が点灯され、我々を大型のフラッドライトにとらえた。それは眩しい太陽光線のようで、瞬間的に目をくらませる効果があった。対空砲火の管制が解かれ我々の周囲で炸裂したが、我々は幸運にも被害を被らなかった。私はミグの内側へ、内側へと旋回を続けることができ、これは、我々の戦闘機が優速の敵に対してもつあきらかに有利な特性だった。

「我々がついに敵を射程内にとらえた時、三連射を浴びせたが、何も起こらないように見えた。突然、敵は尻尾にぴったりと私をつけたまま降下を始めた。さらに数回の射撃を降下中に浴びせてやった。我々はミグから炎があがり始め、敵が地面に衝突して大爆発するまでついていった。この出来事を振り返ると、照空灯の光のなかを我々が通過する時に、ミグのパイロットは主翼のライトを消したと思う。その時点で、彼は加速して180度の

F-84装備の第49戦闘爆撃航空団（隊長はジョン・B・ホルト大佐）の第8戦闘爆撃飛行隊「ブラック・シープ（Black Sheep）」の面々。写真中の1949年のウエスト・ポイント（米陸軍士官学校）の卒業生、ドルフィン・D・オーバートンIII世中尉（2列目の右端）は、サンダージェットで102回の飛行任務を果たし、さらにF-86で48回の飛行任務を行った。1953年1月24日、セイバー飛行隊に転属後（第51迎撃戦闘航空団の第16迎撃戦闘飛行隊、エドウィン・L・ヘラー中佐が司令）、ドルフィン・オーバートンは朝鮮戦争でのアメリカの24番目のエースとなった。(Col. John B Holt)

朝鮮戦争で撮られた写真では最高の画質ではない。それにもかかわらず、このショットは本戦争でのエースの物語にとってきわめて重要なものだ。本機は不正行為で評判を下げた第51迎撃戦闘航空団の第16迎撃戦闘飛行隊の指揮官で、伝説的なエドウィン・L・ヘラー中佐の2機の乗機「ヘラー・バスト（HELL-ER BUST）」のうちの1機である。ジェット機は青い機首帯を2本描いて、本機が隊長機であることを表示、さらに小さなサメの歯を空気取入口の後方に描いている。Dick Geiger)

旋回をし、我々の機体に正面から向かってきて、その時にはふたたび主翼のライトを点灯したと推定している。我々は照空灯の光の中を3回通過したが、4回目に敵を撃墜した」

ダン少佐はスカイナイトによる4機目のミグ撃墜をあげたが、敵のパイロットがB-29を撃墜しようとする積極果敢な試みを防ぐことはできなかった。1月28日、ジェイムズ・R・ウィーヴァー大尉の操縦するF3D-2は別のミグを撃墜したと申請、3日後、ロバート・F・コンレイ中佐が6機目にして朝鮮戦争での最後のスカイナイトによる戦果をあげた。コンレイ中佐はちょうど第513海兵夜間戦闘飛行隊の司令の地位をハッチンソン中佐から引き継いだばかりで、彼の撃墜したミグは米海兵隊航空隊すべての夜戦にとって10機目となる空中戦果と数えられ、同時に、これが海兵隊夜戦隊の最終戦果となった。

1月17日、第513海兵夜間戦闘飛行隊のスカイナイトの別のパイロット、ジョージ・クロス大尉が1機のミグと争い、その決闘ではF3Dの構造の強さを限界まで試させ、クロス大尉は複数の敵機から照準器の目標となった。クロス大尉は回想する。

「私のレーダー手、J・A・ピエクトウスキー曹長と私は、鴨緑江近くの目標を爆撃するB-29の援護に当たっていた。機尾の警戒レーダーが不調になった時、地上管制官が爆撃機の編隊付近にいる高速のミグ数機をとらえ、我が機に"ヘッズ・アップ"（敵機通過）の警戒警告を送ってきた。

「我がF3Dは爆撃機の流れの上空30000フィート（9150m）にいた。突然、機体に機関砲弾の命中した衝撃を感じた。2つのエンジンのスロットルを全開にして、『スプリットS』を打ち、数秒後に垂直降下で20000フィート（6100m）の雲の中に潜り込んだが、そこはIFR（計器飛行規則）に従って飛行する状況だった。急降下よりもち直そうとすると、昇降舵が効かないことに気づいた！操縦桿は前後に動かせるのだが、何も起こらなかった。最初に考えたことは、ミグの機関砲が操縦ケーブルを切断したのではないかということだった。また、速度計の針が赤の限界速度マーカーをずっと越しているのにも気がついた。機体は時速約750マイル（1200km/h）またはマッハ1.02に達していた。この速度は肥満したスカイナイトに許容されている速度より少なくとも時速150マイル（240km/h）も速かった！

「我が機は制限マッハ数を越えてしまい、衝撃波が尾翼表面を叩いた。スロットルをアイドルに戻して、スピード・ブレーキを出した。スピード・ブレーキを出すにつれて激しい縦方向の揺れがおきた。ブレーキを縮め、そしてふたたび全開にした。減速するにつれて、昇降舵の効きが戻った。急降下からの回復を完全にしようとするうちに、数回の高速失速に陥ったが、雲の下の黄海の海面すれすれで水平飛行に戻るのに成功した。スロットルをアイドルに設定しての指示速度は400ノット（740km/h）で、ダイ

この握手の写真は1953年1月24日の撮影で、第51迎撃戦闘航空団の第16迎撃戦闘飛行隊のオーバートンⅢ世大尉（右）が、5機目のMiG-15を撃墜した後に、機付長のウィルバー・コスロン上等兵と握手している。オーバートンのF-86は、機体の左側にパイロットの選んだ名前「ドルフズ・デヴィル（DOLPH'S DEVIL）」（ドルフの悪魔）、右側に機付長の選んだ名前「エンジェル・イン・ディスガイズ（ANGLE IN DISGUISE）」（人間に化けた天使）をつけていた。このセイバーの兵装係はロバート・S・ボールドウィン上等兵だった。オーバートンが着ているのは防水耐寒服で、朝鮮の冬の極寒中で典型的な"戦闘機乗り"の装いだ。「ドルフズ・デヴィル／エンジェル・イン・ディスガイズ」は初期のF-86E-1-NA、シリアルナンバー50-631だった。
(USAF via Wilbur Conthron)

ブ・ブレーキは依然として全開だった。もっとよい気象条件の場所にたどりつくと、10000フィート（3050m）まで上昇して低速飛行に移り、着陸装置やフラップを試し、群山(クンサン)基地への着陸進行の際に完全に操縦できるかのかを試すために、失速をしてみた」

クロス大尉はF3Dを基地までいたわりつつ帰ってきた。尾部には機関砲の破孔がいくつも空き、2つのエンジンの間から第19番目の胴体縦通材を貫通し、パイロットとレーダー操作手の間に位置する脱出ハッチのドアに打撃を与えて弾丸が止まっていた。もしこの損傷がたいした痛手でなかったとしても、脱出が必要となった時、ジェット機の下方脱出射出座席を使用できたかは疑わしい。また、この損害はあと数インチ（10cm位）で片方のエンジンを破壊し、致命傷になるところであった。このひどい空戦は国連軍のお偉方に、すでにアメリカ海兵隊のパイロットなら知っていることを告げていた――何機かの夜戦型ミグは対空迎撃レーダーを装備している――と。

[当時はそう信じられていたが、ソビエトの航空機搭載レーダーは非常に遅れていて、朝鮮戦争ではレーダーつき夜戦戦闘機は投入できず、MiG-15のレーダーつき夜戦型はなかった。第5章を参照されたい。また、ソ連のパイロットによるF3D撃墜報告はないというが、F-94と混同されて報告された可能性はあるという]

1953年1月、フェルナンデス、マッコンネル、ヘラー、オーバートンやフィッシャーが高名なセイバーのパイロットに名を連ねていた。第16迎撃戦闘飛行隊長のエドウィン・L・ヘラー中佐は1月22日に2機のMiG-15を仕留めた。彼の朝鮮戦争での戦果は3.5機撃墜で終わったが、それは第二次大戦での第8航空軍での5.5機の戦果に加わるものだった。

1月24日、第51迎撃戦闘航空団のドルフィン・D・オーバートンⅢ世大尉とハロルド・E・フィッシャー大尉が24番目と25番目のアメリカ・ジェット・エースとなった。フィッシャー大尉は同航空団の第39迎撃戦闘飛行隊に所属し、セイバーに移る前にF-80で服務勤務を果していた。乗機F-86の愛称は「ペイパー・タイガー（PAPER TIGER）」で、真新しいF-86F-10-NA（51-12958）の、生産時についていた主翼前縁スラットを"6-3"ハード・ウイングに取り替えた機体だった。

オーバートン大尉は第16迎撃戦闘飛行隊に所属、「ドルフス・デヴィル（DOLPH'S DEVIL）」と名づけられたF-86のパイロットだった（ジェット機の右側には、彼の機付長のウィルバー・コスロン上等兵が2番目の愛称「エンジェル・イン・ディスガイズ（ANGEL IN DISGUISE）」を追加していた。彼はフィッシャー大尉のように戦闘爆撃機での服務勤務を果たした後にエースの座を得たもので、F-84で102回の戦闘出撃を行い、その後、F-86で48回の戦闘出撃を行った。彼の最初の撃墜は144回目の出撃時に報じられた。セイバーでの最後の4回の出撃任務で、オーバートン大尉は5機撃墜を最短記録で成し遂げ、当時「ジェット戦闘史上でもっとも強烈な閃光」と宣伝された。

オーバートン大尉の飛行隊長は、あの積極果敢な戦闘機リーダー、エドウィン・L・ヘラー中佐で、彼は少なくとも2機の異なったF-86、愛称はどちらも「ヘラー・バスト（HELL-ER BUST）」に搭乗、ほとんど10年前の彼のP-51Bも同じ愛称をつけていた［本シリーズ第17巻『第8航空軍のP-51マ

1953年初頭、水原基地で、ジョーゼフ・マッコーネル大尉とハロルド・フィッシャー大尉が、前者の乗機初代「ビューティアス・ブッチ（BEAUTIOUS BUTCH）」（F-86E、51-2753）の前に立っている。2人とも、第51迎撃戦闘航空団、第39迎撃戦闘飛行隊の所属。マッコーネル大尉は後に撃墜され、黄海で救助されたが、それは16機撃墜を達成して朝鮮戦争でアメリカ人エースとなる以前のことだった。「ハル」・フィッシャー大尉はF-86F-10-NA、愛称「ペーパー・タイガー（PAPER TIGER）」（51-12958）に搭乗して撃墜され、鴨緑江の北で捕虜になる前に空戦で10機の戦果をあげている。(via Bill Hess)

スタングエースを参照』。ヘラー中佐の第16迎撃戦闘飛行隊のパイロットたちは鴨緑江を日常的に越えて旧満州内のミグを襲っていた。これは規則違反だったが、黙認された習慣で、誰もがやっていた。ある将校が回想して曰く「彼らは出撃任務ごとに銃口を黒く汚して帰還してきた。つまり、出撃するたびにミグとやり合っていたことを意味する。そんなことは、国境の間違った側にいなければ起こり得ないことだった」

撃墜を記録したガンカメラのフィルムを見たことのある、当時の第51迎撃戦闘航空団の隊員の回想では「ミグは着陸装置を降ろしていて、安東基地の主滑走路に着陸するための最終コースに入っていたことがわかる。12.7mm口径の弾丸がその右翼を切離し、空中でヒックリ返り、車輪がはっきり見えた」。航空団の3人目の将校が曰く「これは、誰もがミグ狂だった時期に起こったことのひとつだった。パイロットはチャンスをものにしようとし、規則を曲げるのを厭わなかった」。このコメントは第51迎撃戦闘航空団全体でなく、特に第16迎撃戦闘飛行隊に対して述べたものである。

このような出撃のひとつでは、パイロットが旧満州深くに進攻した。正確な日時は論議を呼ぶ事柄だが、オーバートン大尉は2機ものミグ（彼の6機目と7機目）を撃墜した。だが、この戦果は公認されならなかった。同じ出撃でヘラー中佐は撃墜された。1機のMiG-15からの狙いすました機関砲の一撃が彼の右腕を砕き、操縦桿を切断、射出座席を使用不能にした。40000フィート（12200m）からの操縦不能の急降下の後、ヘラー中佐は低空で8インチ（20cm）の弾孔が風防に開いているのを見つけた。彼は裂け目から機外に出て、セイバーの水平尾翼をかすめた。落下傘がきわどいところで開いた。基地に戻ったある将校が救助戦闘空中哨戒任務について回想する。「我々は地図を調べ、彼がどこにいるのかを確認した。彼は鴨緑江の北150マイル（240km）にいたので、救助の試みはされなかった」。
［これは1953年1月23日の出来事で、乗機は52-2871だった］

オーバートン大尉の6機目と7機目の撃墜、そしてヘラー中佐の脱出のようすはすべて、境界の北で、近くの列車に乗っていた共産側の休戦交渉委員から目撃された。東欧外交官は、驚嘆しながらも、ヘラー中佐の落下傘が地上に降下するのを見た。ヘラー中佐を捕らえた中国人はすさまじい虐待を加え、越境を行ったばかりでなく、それが上官の命令でなされたと彼に"自白"させようとした。

越境行為を知った者のなかには第51迎撃戦闘航空団のボス（司令でエースでもある）のジョン・W・ミッチェル大佐もいた。ある将校の回想では「あれほど怒り狂っている大佐を見たのは初めてだった」。ミッチェル大佐は北に向かった4機編隊のメンバーは全員、小隊長の資格をもっていることを知った。ある航空兵が回想する。「大騒動だった。ヘラー中佐が撃墜された日の後で、1機のスチンソンL-5連絡機が水原基地に飛来した。搭乗しているのは第5航空軍司令官バーカス将軍で、ミッチェル大佐と話をし

第4迎撃戦闘航空団司令のジェイムス・K・ジョンソン大佐は、彼の後任のサイン大佐と同様に偉大なアメリカ戦闘機乗りのリーダーだったが、そのことを十分に知られていない。この写真は鴨緑江上空で54機のMiG-15を戦闘で撃墜したダブル・エースたち。左から右の順序で、ロニー・ムーア大尉（ミグ撃墜10機）、バーモント・ギャリソン中佐（撃墜10機）、航空団司令ジョンソン大佐（撃墜10機）、ラルフ・パー大尉（ミグ撃墜9機とIℓ-2撃墜1機）とジェイムズ・ジャバラ大尉（ミグ撃墜15機）。背後はジョンソン大佐のF-86Fセイバー、51-941で、パイロットの戦果10機のうち9機分しか撃墜マークをつけていないが、10機撃墜のうちこの機体はほとんど使用されていなかった。（USAF）

て、雷を落とすためだった」。バーカス将軍とミッチェル大佐はただちに個人的な意見の交換をしたが、軍隊がよくやるように、彼らはいけにえ贄の子羊を選んだ。それは比較的新参のドルフィン・D・オーバートンⅢ世大尉であった。彼はウエスト・ポイントの1949年度の卒業生で、F-84とF-86とで150回の出撃を行い、7機のミグを撃墜していた。そして他の誰もがやるように毎日の通常命令にしたがって出撃したはずの彼は、ヘラー中佐とともに中国へと飛行した。ミッチェル大佐は代理人に群司令官ブルックス大佐を選び、オーバートンに彼のエースの地位を剥奪し、ただちに朝鮮より退去されると通告した。

オーバートン大尉からエースの地位を剥奪する企ては、上層部で否決されたが、彼の最終戦果は承認されず、結局、彼は空軍を退役した。ウイットに富み、魅力に溢れた男だったが、彼は苦い思い出に耐え切れなかった。だが、彼とヘラーとが41年後に初めて再会して、越境事件のことを語り合った時、彼らは当時そこにいた他の人々から多くを聞かされたのだった。──ミッチェル大佐が第16迎撃戦闘飛行隊を数日間"非番"［航空作戦参加を見合わせ］とし、パイロットたちをけん責した時には2人とももう水原基地にいなかった。

この見せしめの前に、もうひとつの"即日2機撃墜"がヘラー中佐の第16迎撃戦闘飛行隊所属のセシル・G・フォスター大尉によって記録された。彼は1月24日に2機のMiG-15を落としたのだ。皮肉にも、1月のミグとの空中戦での勝利は、禁止された国境の北の撃墜を含めて、休戦交渉の行き詰まりを打開するのに役だったことは間違いなかった。

1月30日には第4迎撃戦闘航空団のレイモンド・J・キンゼー中尉がTu-2爆撃機を撃墜したが、本機はここ1年以上姿を見せなかった機体だった。同日、ジョーゼフ・M・マッコーネル・Jr中尉がMiG-15を1機撃墜し、翌日にも1機を仕留めた。1月31日、ベンジャミン・L・フィチアン大尉とレーダー手のサム・R・リオン中尉の搭乗するロッキードF-94Bが第319迎撃戦闘飛行隊で最初の公認戦果をあげた。彼らが制圧した相手はラーヴォチキンLa-9と思われたが、公式記録には単に「プロペラ」と記録された。

フィチアン大尉の回想では「K-13（水原基地）の晴れて寒い夜だった。私とRO（レーダー観測員）のサム・リオンは"スクランブル"（緊急発進）の3番目で待機していた。我々は情報筋から北朝鮮上空で敵の激しい活動があると聞いていた。その頃、K-13のタワー（管制塔）より1機をスクランブルさせ、1機のF-80の着陸先導してくれるよう要請があった。そのジェット機は第8戦闘爆撃航空団の機体で、速度計をやられていた。我々がその仕事に選ばれた。離陸後、約15分かかって相手機を見つけて、F-80が基地に帰るのを助けた。我々は着陸するには重すぎるほどの燃料が残っていたので、無線を戦術回路に変えて、

下の写真は第77飛行隊のグロスター・ミーティアF.8が次の地上攻撃に備えて給油しているところ。1953年春の金浦（キンポ）基地のあわただしい光景。ホース給油車の背後に駐機している一番手前はA77-851機で、ジョージ・ヘール軍曹の「ヘールストーム（HALESTORM）」の方が通りがよい機体。本機は1953年3月27日にヘール軍曹が飛行隊の4機目にして、飛行隊最後のミグ撃墜をあげた際の搭乗機である。驚いたことに、この戦闘機の前部胴体がオーストラリア・サウスウェールズ州・ミルデュラのウォーバーズ・アヴィエーション・ミュージアムにそっくり現存している。851号機は朝鮮戦争で1年以上も生き残り、母国クイーンズランドのアンバーレーの第23飛行隊で使用され、15機のF.8がU.21A標的機型に改造された時の1機となった。この機能で使用されている最中の1963年後期にウーメラで墜落、御用済みとなってから、操縦席部のみがスクラップ屋のトーチを免れて残った。
(No 77 Sqn via Tony Fairbairn)

ジョージ・ヘール軍曹と同時に第77飛行隊に勤務したのが「ウィリー」・ウィリアムソン大尉である。朝鮮戦争の最後の数カ月に英国空軍からの交換将校として部隊に派遣されたひとりで、後の空軍中将キース・ウィリアムソン卿。写真は1953年10月の金浦基地で、自機のF.8「ノー・スイート！（No Sweat！）」に搭乗しようとしているところを撮影。
（Roy Royston via Tony Fairbairn）

朝鮮戦争でF-80からF-86に転換した最後の部隊は、水原基地の老練な第8戦闘爆撃航空団だった。最後であったことのご利益として、航空団はまっさらなF-86F型を支給された。この戦争で実戦参加を見たセイバーの究極の格闘戦型ではあるが、第8戦闘爆撃航空団は鴨緑江上空でその特性を発揮する機会がほとんどなかった。というのは、本航空団は地上の国連軍と協同し、ほとんど近接支援任務に専任していたからだった。この堂々とした第35戦闘爆撃飛行隊所属機の列の先頭にあるのは、航空団のボス、W・B・ウィルメット大佐の乗機、カラフルなF-86F-30-NAである。その背後に飛行隊長機のF-86Fが見える。
（James Carter vai Jerry Scutts）

北朝鮮に向かう針路を要請した。椒島近くの位置についている1機のレーダーが不調だったため、我々の要請は受け容られた。この頃にはFEAFは秘密のAPC-33機上搭載迎撃レーダーを装備したF-94Bの敵地上空での行動制限を廃止していた」。

　フィチアン大尉の回想は続く。「途中、我々の前方のF-94Bが『ノージョイ』と宣言しているのが聞こえた。つまり、レーダー接触が得られなかったことを意味した。実のところ、パイロットは椒島の管制官が自分たちを海から突き出ている岩に向かわせているのではないかと疑って、苦情をいっていた。我々が活動の約50マイル（80km）以内に接近すると、椒島は任務についていた他のF-94BにK-13への帰還をゆるし、我々の誘導に入った。管制官が『ボギー』［敵味方不明機］への方向と距離を我々に指示し始めた時には高度約25000フィート（7600m）にいた。1時の方向で、距離は約30マイル（48km）のようだった。管制官は高度5000フィート（1500m）まで降下、旋回を続けるよう命じた。我々は高度5000フィートに達し、北朝鮮の首都、平壌の西、約10〜15マイル（16〜24km）に向けて南東に針路を取った。敵機の背後6マイル（10km）にいて、相手機の速度は約130ノット（240km/h）だった。我々はボギーの背後に回り込み、降下を続け、最初のレーダー・コンタクトを約5マイル（8km）で得た。

　「我が方の火器管制システムの利点を最高に生かすため、梢の高さまで降下した。月夜で、地表は見えたが、前方は見えなかった。ちらと外を覗いたら、高いポプラやスズカケのように見える木々に近づいていたので、ちょっとばかり上昇した。多分、敵のパイロットは地形を熟知していると推測し、もし敵が飛び抜けることができるならこちらも同様にできるはずだった。さらに、F-94Bでの"初撃墜"の栄誉には、すべてを賭ける価値があった。

　「約5マイルでレーダー接触を得て、速度を130ノットに下げた。スピード・ブレーキを開き、ボギーをロックオンして接近を始め、目標が実際に

は高度約1200フィート（370m）にいたので、若干上昇した。

「レーダー・スコープで射撃を始め、連射を浴びせたが、手応えはなかった。さらに近づき、もう一度射撃を浴びせた。だが、変わらなかった。我々は目標から約600フィート（180m）後方におり、ほんの一瞬のうちに操縦桿で約6インチ（15㎝）の円を描いたら、火花がいくつか見えた。我々はAPI（徹甲焼夷弾）を装備しており、この弾は衝撃で閃光を発した。たくさんの閃光が見えるやいなや、操縦桿を固定して射撃を続けた。敵機はぱっと燃え上がり、落ち始めた。敵は風防を閉じたままだった。

「我々は"スプラッシュ・ワン"［1機撃墜！　スプラッシュは目視またレーダーで撃墜を確認したことを意味する］を宣言、椒島は8マイル（13km）彼方の別のボギーへの針路を指示した。だが、我々は今回の飛行の始めでF-80をエスコートしたため燃料が乏しくなっていた。機体の高度は依然低高度だったので、自動火器（75mm以下の対空火器）の射撃をいくらか浴びた。我々がその効力外にまで上昇すると、我がROが後部座席で火事だといった。最初は対空砲火にやられたかと思ったが、後部座席のライトを切ったら消えたので、電気回路のショートと判明した。

「K-13基地へ帰還し、我々はヴィクトリー・ロール（勝利を祝っての横転）を行って着陸した。第319迎撃戦闘飛行隊のほとんど全員が我々を掩体まで出迎えた。エンジンを停止させると、全員が拍手した。その夜以来、北朝鮮がふたたび夜間飛行を行ったのは、少なくとも椒島のレーダーが探知した限りでは数カ月後だった。彼らが活動を始めた次の機会に、私の小隊の若い勇敢な乗組員、ウィルコック中尉とゴールドベルグ中尉が、洋上で1機を撃墜したらしかったが、それから海に墜落したか、敵機に衝突したようだった。彼らも『スプラッシュ』と叫んだが、それが最後に聞いた言葉だった［これは5月3日の出来事で、本章でこの後にも出てくるが、追突説が一般的］」

2月16日、第51迎撃戦闘航空団、第39迎撃戦闘飛行隊のジョーゼフ・M・マッコーネル・Jr中尉が5機目のミグを撃墜した。公認の遅れから、彼は朝鮮戦争の27番目のエースとなった。第4迎撃戦闘航空団、第334迎撃戦闘飛行隊のマニュエル・J・「ピート」・フェルナンデス・Jr大尉は2月18日に5機目と6機目の撃墜を報じて26番目のエースとなった。ロイヤル・N・ベイカー大佐は13機撃墜で、戦死したパイロットを除くと朝鮮戦争で当時のトップエースだった。

3月27日、ジェイムズ・P・ハガーストロウム少佐が2機のミグを燃え上がらせた。彼の最終戦果は8.5機だった。ハガーストロウム少佐

第334迎撃戦闘飛行隊のウイングド・ピジョンの隊章（後に鳩から鷲となった）をつけているのはマニュエル・J・「ピート」・フェルナンデス・Jr大尉で、撮影された日の彼の戦果合計「撃墜13、撃墜不確実1、撃破2」を表わすボードをもっている。ボードに記された「ミグズ・ハヴァ・イエス」は韓国語風の語順をもじったGI言葉で、単に"みぐアリマス"くらいの意味。フェルナンデス大尉の最終戦果は14.5機だった。（USAF）
［334飛行隊は第二次大戦時代の隊章をふたたび採用し、1947年晩夏に承認された。絵柄はボクシング・グローブをはめた鷲だったが、なぜか"頭にきたハト"として知られていた］

は最初の2機の撃墜を第4迎撃戦闘航空団、第334迎撃戦闘飛行隊で報じ、残りは第18戦闘爆撃航空群、第67戦闘爆撃飛行隊で新しいF-86Fに搭乗してあげた。部隊はこの月に新しいジェット機へと転換したばかりだった。ハガーストロウム少佐は第18戦闘爆撃航空団で唯一のエースとなる運命にあった。3月28日、第4迎撃戦闘航空団のボス、ジェイムズ・K・ジョンソン大佐が2機のミグを戦果に加え、朝鮮戦争での29番目のアメリカ軍エースとなったが、彼は第二次大戦でも撃墜1機をあげていた。翌日、ジョージ・L・ジョーンズ中佐（第4迎撃戦闘航空群司令官）が30番目となった。また、3月にはフェルナンデス大尉がさらに4機ものMiG-15を仕留め、一日で2機撃墜をあげて彼の戦闘狂時代を締めくくった。

■ミーティアの終楽章
Meteor Finale

　ハガーストロウム少佐が自己の撃墜記録に戦果を追加し始めた日、オーストラリア空軍の第77飛行隊は、グロスター・ミーティアでの朝鮮戦争での4機目にして、最後のMiG-15公認撃墜で彼らの撃墜記録簿を閉じた。最後のジェット機はジョージ・ヘール軍曹の銃撃に倒れた、乗機は自機のミーティアF.8、A77-851、愛称「ヘールストーム（HALESTORM）」だった（本機の前部胴体はオーストラリアのある博物館に現存する）。ヘール軍曹は隊長のJ・ハッブル少佐が率いる4機編隊の1機で、平壌 - シンゴサン（現・三方里）間の道路沿いを攻撃するために送り出された。
　南川店のジャンクションに到達すると、編隊は分離し、ヘールと僚機のアーラム軍曹は南に向かった。低高度を単縦陣で飛行していると、2機のロッキードRF-80写真偵察機が2機のMiG-15に追跡されているのを発見した。ヘール軍曹はただちに胴体腹部の増槽タンクを"勢いよく"投棄し、敵に向かっていった。彼の乗機はまだ2発のHVAR（高速航空ロケット弾）をパイロンに搭載してたので、それをミグ目がけて発射した。HVARは2機のジェット機の間を通り抜け、彼らはただちに左右に別れた。
　ヘールは北に向かったジェット機を追い、アーラムはヘールに従おうとした時、乗機のF.8に衝撃を感じた。ヘールは、アーラムの助けを求める緊急の呼びかけの応じて、逃亡するミグのことは忘れ、ぐるっと上昇しながら、2人を太陽の方角から攻撃した別のジェット機を探そうとした。アーラムが近くの雲に逃げ込もうとする一方、ヘールは助けに向かい、エアブレーキを開いて速度を殺してアーラムの傷ついたミーティアの背後にうまくついた。しかしながら、ミグのパイロットが飛び越すと、ヘールが今度は敵の動作をもっと効果的に繰り返した。ヘールは速度を落としたミグの機尾という理想的な位置におり、ミーティアの20mm砲4門の砲火を開いた。ミグは操縦席の後方を撃たれて裏返しになり、高度を失って黒い煙を噴き出した。
　ヘールがそのミグを追って降下しようとした時に、さらに2機のミグが彼を上空から攻撃した。ヘールは機体を引き起こしで彼らに立ち向かい、射撃したが、2機は高速度で降下して、無傷で去っていった。しかしながら、新手の2機がヘール機の機尾に現われたので、ヘールはふたたび彼らに向き直り、後続機に打撃を与えたが、その機体は後ろに白い煙（おそらく燃料）の尾を残していった。ヘールは弾を使い果たし、ミグは、他日の

戦いのために逃れた。金浦基地に戻ったヘールは、彼の僚機が金属片によって112個もの穴をあけられているのを発見した。ヘールの乗機には、機付長のボブ・チェリーが2つのミグのシルエットを操縦席の下に描いたが、短期間に終わった。これらは、ハッブル少佐が、オーストラリア空軍の規則違反であるので消せとの厳しい指示を出したためだった。

4月のミグは行動的だった。ジョー・マッコーネル中尉は8機目の戦果を報じたが、撃墜されてしまった。彼は、黄海から第3航空救助群のシコルスキーH-19ヘリコプターで吊り上げられ、2週間後に大尉に進級した。まもなく、彼はダブル・エース〔10機を撃墜したエース〕となった。

1953年春、ジョンソン大佐指揮下の第4迎撃戦闘航空団は"ガンヴァル"計画の主人役を務めた。この計画は、F-86の通常の兵器である12.7mm機銃6挺を20mm砲4門に変更した8機のF-86Fを、朝鮮戦争で実戦評価するものだった。この計画の詳細は明らかになっていないが、"ガンヴァル"計画はどうも空軍が20mm砲を評価する一連の大計画の一部だったように思われる。海軍の方は、空軍の標準である12.7mm機銃よりも、この20mm砲がお気に入りだった。そして2機ないし3機のミグが"ガンヴァル"・セイバーによって撃墜された考えられる。

〔ガンヴァル計画は、F-86の武装強化目的で、数種類の候補の20mm砲からドイツのモーゼル20mm砲を元にノースアメリカン社が設計したT-160兵装システムを、朝鮮戦争で実戦評価したものだった。結論はF-86Fへの改装は実戦に不適というものだった。なお、撃墜数は6機である〕

1953年3月には、ほとんどの飛行隊がF-86Fを装備し、ジェイムズ・K・ジョンソン大佐は部下のパイロットたちの一群に、いまやお前らにはMiG-15に"実質上等しい"戦闘機が配備されているのだと訓示することができた。ただし、それにはセイバーは、非常に重要な整備陣によって最高の条件に整備されていなければならないというただし書きがついていた。

4月、1機のミグのパイロットが第51迎撃戦闘航空団のハロルド・E・フィッシャー大尉を撃墜した。当時、大尉は撃墜10機のダブル・エースだった。フィッシャーは撃墜された時には鴨緑江を越えて旧満州におり、そこで捕虜になった。ヘラー中佐のように、彼も北朝鮮ではなく中国で戦争捕虜となり、休戦の2年後まで釈放されなかった。この月の終わりには、フェル

デ・ハヴィランド・カナダL-20Aビーヴァーのコクピットでシートベルトを締める、フェルナンデス大尉の偉大なライバル、第51迎撃戦闘航空団、第39迎撃戦闘飛行隊のジョーゼフ・M・マッコーネル・Jr大尉。これから氷原基地より金浦基地に移動して、アメリカに帰国する輸送機を捕まえようとしている。マッコーネル大尉は標準的外地帽をかぶり、のりの効いたカーキの制服を着て、規定外のブロガン・ブーツをはいている。「あの男を氷原基地から連れ出し、帰国させたい」と極東航空軍のボス、バーカス中将が怒鳴ったのは、16機撃墜のエースが負傷もしくは死亡する危険にさらされることを恐れたためである。1953年5月18日、一日で3機のミグを撃墜したマッコーネル大尉の合計16機の戦果は、彼を国連軍のエースのなかのエースとした。彼は、戦後、カルフォルニア州のエドワーズ空軍基地でF-86Hをテスト中に墜落、死亡した。
(USAF via R L Gonterman)

ナンデス大尉が11機目のミグを撃墜し、マッコーネル大尉より戦果を1機増やしたが、ベイカー大佐の撃墜合計13機には2機及ばなかった。
［フィッシャー大尉が撃墜されたのは4月7日で、誰がこの高名なエースを撃墜したか結論は出ていない。デイヴィス少佐の撃墜と同じくソビエトと中国双方が名乗りをあげているからである。中国の主張は志願軍空軍第15師団、第43航空団の韓徳彩（ハン・デチャイ）、わずか20歳の戦果であるとし、ソビエトは第224戦闘機連隊のグリゴーリイ・N・ベレリッツが撃墜したとしている。中国ではデイヴィス少佐撃墜とともに中国空軍の二大戦果とされている］

5月3日、機種不明のプロペラ戦闘機1機が、第319迎撃戦闘飛行隊のF-94Bのパイロット、スタントン・G・ウィルコック中尉の撃墜と公認された。この戦果は先述の、F-94Bの同僚パイロット、フィチアンによる戦闘状況と同じ任務であるが、ウィルコック中尉と彼のレーダー手はこの任務から原因不明の理由で帰還しなかった［カラー塗装図解説40を参照］。5月10日、第319迎撃戦闘飛行隊のF-94B夜間戦闘機は、ようやくミグ撃墜第1号をあげた。ジョン・R・フィリップス大尉がパイロットで、ビリー・J・アト中尉がレーダー観測員だった。

フィリップス大尉はこの戦闘を回想していう。

「飛行隊の作戦担当は、朝の3時か4時頃に北に1小隊を送り込めれば、鴨緑江の南で敵機をとらえることができると推定した。10日、我々が飛行していたのは、この手の作戦のひとつだった。天候は、大雨で視界が約300フィート（90m）で悪かった。出発は問題なかった。北に向かい、椒島と通信した。彼らは、安東の大中国基地の南に激しい"航跡"が見られるといった。そこで、我々は該当する区域に達するまでに高度40000フィート（12000m）へ上昇した。それから、30000フィート（9150m）まで高度を下げたが、高高度まで上昇するのに約20分を要した。ちょうどその頃、アト中尉が2機のボギーをレーダー・スコープにとらえた。我々は高度を下げてそいつらに向かい、椒島経由でJOC（Joint Operations Center＝合同作戦センター）に報告したが、発砲の許可を得られなかった。我々は報告を続け、2機の目標と一列に並んで飛行しようとした。結局、発砲許可を得たが、敵機の排気パターンは非常に独特なもので、ミグなのだった。

「我々が撃ち始めると、2機の敵機は2方向に分かれので、左の敵機を追跡した。2機目は回り込んで、我が方の背後から、一撃を加えようとした。

1953年7月、第4迎撃戦闘航空団のF-86パイロット、クライド・A・カーティン大尉。朝鮮戦争での38番目のアメリカ人エースとなった。写真はその後の11月に撮影されたもので、いまや少佐となったカーティンが、第450昼間戦闘飛行隊の隊長として、飛行前のブリーフィングを受けているところ。（USAF）

撃墜マーキングや派手なノーズアートがないのでかえって新鮮に見えるカナディア、52-2882。第51迎撃戦闘航空団に採用されたチェッカーボードと、第25迎撃戦闘飛行隊の赤い帯の尾翼マークをつけている。本機は60機のカナディアF-86E-6-CANのうちの1機で、朝鮮のアメリカ空軍用（カナダ人の交換パイロットも搭乗した）に製作され、カナダ空軍のセイバーMk2に相当する。F-86A、F-86Eの全機や一部のF型のように、写真のジェット機は前縁スラットをつけており、これは低速時の性能を改善するが、空中戦での利点はなかった。本機はまた、36番目で、そして、一番若いアメリカ軍エースとなったハンク・バトルマン中尉が搭乗したF-86のうちの1機である。彼は1953年6月3日に23歳でエースとなり、最終戦果は7機だった。（Henry Buttelmann）

第3海軍混成飛行隊のガイ・P・「ラッキー・ピエール」・ボーデロン大尉は1953年に短期間の実戦勤務でアメリカ海軍唯一の朝鮮戦争でのエースとなり、その功績にふさわしい海軍殊勲十字章を授与された。彼は写真のF4U-5NL（BuNo124453、コードNP-21）のパイロットだった。第3海軍混成飛行隊の夜間戦闘機は、朝鮮戦争に派遣されるすべてのアメリカ空母に搭載されていた。しかし、他に空中戦果として公認されたのは、海軍のF4U-4があげた3機のヤコヴレフ機と、海兵隊のF4U-4Bが撃墜したMiG-15 1機だけで、どちらのコルセアも昼間戦闘機として行動していた。この右側面の写真では見づらいが、ボーデロン大尉機には5つの赤い星が操縦席の下に一列となって描かれている。(Jeff Ethell via Jim Sullivan)

ボーデロン大尉の唯一の乗機F4U-5NLは、停戦頃に別のパイロットによってめちゃめちゃに破壊された。彼の機体は後に元の場所でスクラップにされた。(via Jim Sullivan)

我々はそのままの位置で飛行したが、我々が目標機を撃墜する前に、もう1機のミグが我々をロックオンしてきた。最初のミグに12.7㎜銃の弾丸を数射あびせると、強烈な火災が発生、敵は爆発した。2機目のミグは集中力が切れて戦闘を回避し、基地に向かった。アト中尉がスコープから頭を上げて外を見ると、燃える破片が我がF-94の右翼をかすめてゆくところだった。交戦が終わったのは、高度15000フィート（4600m）以下だったので、対空砲火が上がり始めていた。そこでK-13基地に向かった。基地周辺に到達すると、雲高はいまや500フィート（150m）だったので着陸でき、覚悟していたように日本の代替飛行場に向かわずにすんだ。"撃墜"は北朝鮮の北鎭邑（プクチンウプ）上空だった。

F-94Bの前席のみが空戦での戦果を公認されたが、フィリップス大尉の戦果は公式にはMiG-15とは記録されず、単にジェット機とされた。

同じ5月10日の日、フェルナンデス大尉は戦闘爆撃機を護衛中に1機のミグを撃墜、もう1機を協同撃墜した。5月のさらなる2機の戦果を加えると、彼の合計戦果は14.5機となり、いまや、朝鮮戦争でのアメリカ軍エースのトップだった。フェルナンデス大尉はでしゃばり屋でなく、おとなしく、新兵募集ポスターに必要なハリウッド風の"ジェット・パイロット"にほとんど似ていなかった。確認不可能だが、最高幹部の誰かさんはトップエースの名前が"外国人らしく聞こえる"のを望んでいないという噂があった。当時のアメリカでは、マッコーネルの名前なら"外国風な響き"を感じなかった。このことは、フェルナンデス大尉の好敵手が米国への帰国を伸ばして欲しい、と懇願した時に計り知れないほどの助けになったのかもしれない。

しかしながら、ジョー・マッコーネル大尉が一日に3機のミグを仕留めるという前代未聞の快挙を成し遂げたのは自己の能力によってである。5月初旬に3機のミグ撃墜を報じた後、5月18日の夜明けから日暮れまでの間に2機の戦果を追加した。これで彼の戦果合計は16機となり、最終的に、かつ、永遠にピート・フェルナンデス大尉の先に立った。マッコーネル大

尉の記録は、この戦争の記録として残り、彼を"エースのなかのエース"とした。しかしながら、撃墜数をもっと延ばしたいという彼の懇願は聞きいれられなかった。この5月18日には、第39迎撃戦闘飛行隊長のジョージ・I・ラッデル中佐が5機目のミグを撃墜して、朝鮮戦争で31番目のエースとなった。彼の乗機はF-86F、51-12940、愛称「ミグ・マッド・メイヴィス（MIG MAD MAVIS）」だった。また、この日、第336迎撃戦闘飛行隊のルイス・A・グリーン中佐が2機のミグを仕留め、マッコーネル大尉と同じ日に同じ快挙を成し遂げた。

だが、この日の空戦がマッコーネル大尉にとって最後になった。バーカス将軍は部下のミグ・キラーのトップエースを失うことによって起こる結果を恐れて、こういったそうである。「あの男には、私がこの宣言を読みあげている間にも、アメリカ合衆国へ向け出発して欲しいくらいだ」。伝えられるところによると、マッコーネル大尉は慌ただしく数分で私物をB-4バッグに詰め込み、その間、基地にはデ・ハヴィランド・カナダL-20ビーヴァー軽連絡機が彼を金浦まで運んでアメリカゆきの輸送機を捕まえるべく、プロペラを廻して待機していたという。

フェルナンデス大尉は結局、ジェイムズ・ジャバラ大尉（彼の詳細は後述）が撃墜15機に達したので、アメリカ軍エースの3位に終わった。

5月26日、ジャバラ大尉は戦闘地域への2回目の服務勤務に戻って、ふたたび古巣の第334迎撃戦闘飛行隊でセイバーの1小隊4機を率いていた。16機のミグが義州（ウイジュ）近くの鴨緑江を渡っているのを発見すると、敵編隊の中央に小隊で突っ込み、編隊をばらばらにし、逃げ遅れた2機のミグに飛びかかった。速やかに1機を致命的なスピンに追い込み、もう1機を撃墜、この戦争でのアメリカ人初代エースの8機目と9機目の戦果とした。

総合的に見れば、セイバーのパイロットは2年とたたずに敗者から勝者となった。かつては数で劣り、飛行性能も劣ったが、もはや本気で挑みかかってくるものはいなかった。F-86の航空優位性は地上での悪化してゆく状況とは明確な対照を見せた。そして地上では、中国がじわじわと国連軍の布陣に穴をこじ開け、大攻勢の機会を窺っていた。

6月7日、第319迎撃戦闘飛行隊（F-94B）がMiG-15 1機を撃墜した。これは飛行隊による3機目の撃墜で、最終空中戦果となった。パイロットはロバート・V・マクヘイル中佐だった。第335迎撃戦闘飛行隊長のバーモント・ギャリソン中佐は6月5日に2機撃墜をあげて32番目のアメリカ人エースとなったが、彼は戦闘機乗りとしては"老いぼれ"の37歳だった。ギャリソン中佐は第二次大戦で第335飛行隊の姉妹飛行隊である第336飛行隊に勤務し、7.33機の戦果をあげていた［欧州戦線で主としてP-47に搭乗して戦果をあげた。本シリーズ第12巻を参照］。6月18日にはロニー・R・ムーア大尉とラルフ・S・パー大尉が33番目と34番目のエースとなった。

第51迎撃戦闘航空群司令、ロバート・P・ボールドウィン大佐が6月22日に35番目のエースとなり、その8日後にヘンリー・「ハンク」・バトルマン中尉が36番目のエースでかつ、もっとも若いエース（階級がもっとも低いという意味ではない）となった。彼は23歳で、最終空中戦果は7機だった。

1953年6月末には、ジャバラ大尉がその空中戦果を14機に増やし、トップエースのマッコーネル大尉までミグ2機、エース第2位のフェルナンデス大尉の空中戦果まで0.5機と迫った。1カ月の戦闘で、セイバーはそれまで

の記録をすべて破って、77機のMiG-15を撃墜、そのなかには6月30日の一日で撃墜16機という記録も含まれていた。

1953年7月、第4迎撃戦闘航空団のF-86のパイロット、クライド・A・カーティン大尉とスティーヴン・L・ベッティンガー少佐が38番目と39番目のアメリカ人のジェット・エースとなった。後者は後に5機目の戦果をあげた直後に撃墜され［7月20日］、捕虜となった。彼の僚機はベッティンガー少佐の空中戦果を報告したが、さらに2件の目撃証言が必要とされるため、彼は1953年10月2日に解放されるまでエースと公認されなかった。

朝鮮戦争でエースの座を獲得した40名のアメリカ人で、ただひとりだけがセイバーに搭乗していなかった。それは海軍のガイ・「ラッキー・ピエール」・ボーデロン大尉で、彼はF4U-5NL（BuNo124453、コード「NP-21」、第3海軍混成飛行隊所属）のパイロットで、陸上基地から行動し、レシプロの「ベッドチェック・チャーリー」5機を撃墜した。第5空軍は敵の夜間活動を抑制するために、海軍にレシプロ戦闘機の支援を依頼していた。空軍の手持ちのF-94Bジェット戦闘機では敵の速度があまりに遅すぎて対応できないためだった。ボーデロン大尉の撃墜記録には、1953年6月29日と7月1日の双方に各々1機のヤコヴレウYak-18練習機と、7月17日の型式未確認のラーヴォチキン戦闘機1機が含まれており、非常に短期間で空中戦果をあげ続けていた。残念ながら、コルセア唯一の"エース"機は、停戦直後に別のパイロットによる不幸な出来事で壊れてしまった。

ジャバラ大尉は1953年7月27日に休戦協定が調印される前に、自己の空中戦果をフェルナンデス大尉の記録を上回る15機とし、朝鮮戦争のミグ・キラー第2位、そしてマッコーネル大尉とともにたった2人のトリプル・エースとなった。7月22日、第51迎撃戦闘航空団のF-86乗り、サム・P・ヤング中尉は朝鮮戦争最後のミグ撃墜をあげた。停戦協定は7月27日に調印され、調印後12時間後に効力を発揮した。その間の午前の中頃、パトロール隊が12機のダークグリーンに塗られたミグを鴨緑江近くで見かけたが、共産側のパイロットたちは、F-86が交戦に入れる前に河に向けて逃げ去った。正午過ぎに、ラルフ・S・パー大尉が1機のイリューシンIℓ-12輸送機を撃墜したが、彼は射撃開始前に機種を誤認していないかと2回も確認飛行を行った。パー大尉はダブル・エースとなったが、本機の撃墜は外交抗議の原因となった。これが、朝鮮戦争での最後の撃墜となった。［ソ連側は、このお返しに、7月29日に日本の横田基地からウラジオストックなどの電子偵察に飛来したボーイングRB-50Gを撃墜した］

朝鮮戦争中にアメリカ空軍は971機の航空機を喪失し、海軍と海兵隊は1033機を失った。だが、この数字のうち、航空戦での損失は10パーセント以下だった。共産側の数字は不明であるが、アメリカ側によれば、共産側は792機のミグを空中戦で失っており、さらに143機が撃墜不確実だったという。戦後かなりの年を経て著されたアメリカ空軍の研究論文「セイバーとチャーリーの比較」では、F-86対MiG-15の"撃墜比率"を14対1から7対1に下方修正したが、後者の値についてロシア側戦争参加者からの反論はない。下方修正をされたとしても、セイバーのパイロットの残した"撃墜比率"は、戦闘の全期間を通して彼らが数で劣っていたことを考慮にいれると、驚くべき数字であることに変わりはない。

chapter 5

ソ連のエースとMiG-15
soviet aces and the MiG-15

　1980年代末のソビエト社会全体を押し流した2つの革命、ペレストロイカ（改革）とグラスノスチ（情報公開）は、古びた"鉄のカーテン"に秘密を明かすいくつものほころびを作った。しかしながら、この新たに発見された隙間は、歴史のはるか彼方まで続くものではない。朝鮮戦争に参加した少数のソビエト人が沈黙を破ったが、ソビエトの戦争関与の詳細は、現在では不完全な情報に留まっている。あの戦争から40年以上が経ったが、時の流れは昔から書かれてきた物語を歴史的事実として確立させた。冷戦の最中にアメリカ空軍が記述した出来事が、唯一の真実と広く信じられてきた。その歴史を調べて疑問点を追求しようとする人々は、修正論者とレッテルを貼られてさげすまれ、多少の疑いをもたれ、その動機を問われた。

　ロシアからの新情報は、長い間信じられてきた国連軍のパイロットによる戦果申請が誇張されたものであることを明らかにし、敵戦闘機の活動による損失の推定値はさらにはるか低く見積もられていたことも明らかになった。だが、このことは、朝鮮戦争での国連軍戦闘機パイロットの業績を傷つけるものではない。なぜなら、二流の敵に対する容易な勝利という昔ながらのイメージを、手ごわく、装備も優れた敵に対して勝利した者という、より偉大な業績にと転換するからだ。撃墜を申告した国連軍パイロットの報告書に広範囲に見いだされることになった、不正直さを反映するものでもない。一般的に敵性地域上空での戦闘では、国連軍のパイロットは同僚パイロットたちの目撃報告の裏づけや、ガンカメラのフィルム、機体の残骸の取得を当てにできず、戦果申告の検証は、必然的に甘い基準に基

このMiG-15bisは朝鮮戦争停戦数週間後の1953年9月21日に、北朝鮮人民空軍パイロットの盧今錫（ノ・クムソク）がレーダーによる発見を避けるため低空を縫って金浦基地に飛来し、亡命した時の乗機である。パイロットはアメリカ政府から彼の"贈り物"に対して10万ドルが贈られた［アメリカ空軍はMiG-15での投降者に賞金10万ドル提供の呼びかけをしたが、実際に現れると賞金の財源がなかった。盧の自伝では、後にCIAが同額の銀行口座を開設してくれたという］。本機はただちにアメリカ空軍のシリアルナンバー2015337を与えられると、すぐに国籍マーキングを消されておなじみの「スター＆バー」を描かれ、解体され、沖縄の嘉手納基地に空輸された。ここで、チャック・イェーガー少佐やトム・コリンズ大尉を含む空軍のテスト・パイロットのチームによって徹底的に評価された。1953年10月にこの写真とともに公表された写真説明には、冷戦下の40年間を通してソビエト製機器に対する西欧側の態度を完全に要約する一文で終わっていた。「F-86"セイバー"ジェットとの模擬空戦を含む1週間のテスト後、彼ら（テスト・チーム）はMiG-15はF-86の水準に達していないといった」。コリンズ大尉やイェーガー少佐のような人物が本当にどう思ったのかは想像するしかない。
（USAF via Jerry Scutt）

づいて行われた。

　また、致命的な損傷を負ったと思われる多くのジェット機は、セイバーの機銃が小口径だったため実際には致命傷を与えられず、基地にたどり着いて、ふたたび、他日の戦いに備えた。朝鮮戦争で最初に撃墜されたミグは、伝えられるところでは、屈するまでに約1000発もの弾丸を要したという。たとえば、ソビエトのトップエースであるエフゲーニイ・ペペリャーエフは、「アメリカのブローニング .50（12.7mm）口径機銃は我々の機体には豆鉄砲みたいなものだった」と侮蔑していい、「我が方の機体が40ないし50箇所の損傷を負っても帰還してくるのは当たり前だった」と証言する。MiG-15は確かに小口径の機銃に非常によく防御されており、効果的な自動防漏式燃料タンク、前面防弾ガラス、パイロットの背後に優れた装甲板をもっていた。

　戦争の後で、アメリカ空軍は空中戦で失ったF-86はたった58機で、損失の合計は971機（ほとんどが対空砲火と作戦目的以外の原因による）と認めているが、一方、ロシア側は（北朝鮮と中国のミグ部隊を含まず）1300機の撃墜を主張している。アメリカ空軍は792機のミグの撃墜を主張、一方、ロシア筋は345機の損失（すべての原因を含むが、北朝鮮人と中国人が操縦した機体を含まないと考えられる）しか認めていない。戦後の改訂ではアメリカ空軍の主張がMiG-15撃墜379機に減少し、F-86の損失認定数が103機に増加した。この損失数はおそらく、かなり少ないが、MiG-15対F-86の最終撃墜比率を約3.5対1とし、もし、F-84とF-80の両機を方程式に入れるなら1対1となると想像される。

　公平にいえば、ロシア側の主張数を異論なく、額面通りに受け取ることは避けるべきことを指摘すべきだ。戦果の相互検証はアメリカ側よりロシア側に厳しいかも知れないが、幾機かのロシア側の戦果の主張は捏造されたもので、実際に国連軍機が失われていない交戦で公認され、また、国連軍機を誤認するのが一般的で、F-84撃墜のほとんど全機は「F-86」と記載された（おそらく、F-80の撃墜の多くもそうだろう）。もし、ソビエト側の数値をアメリカ空軍の数値と同様に信頼できるものとすると、共産側には、この戦争での撃墜数に、エフゲーニイ・ペペリャーエフ（23機撃墜）とニコラーイ・ストゥヤーギン（21機撃墜）の2人のトップエースと、10機かそれ以上を撃墜した少なくとも16人のパイロットの戦果数を含んだものであることは明らかになった。

［朝鮮戦争でのソビエトのトップエースの座は90年代末期から逆転して、現在では、ロシア人の著作でもペペリャーエフが19機または20機で第2位、ストゥヤーギンが21機でトップとなっている］

　撃墜と損失の正確な数値がどんなものになるにせよ、国連軍と共産軍の双方の空軍はかつて想像されていたよりもずっと互角に戦っていたことが明らかとなったF-86のパイロットが利点を満喫した一方では、それは僅差にすぎずあり、生き残ること自体が価値ある業績（空中戦の勝利はいうまでもないが）であった。ロシア側のパイロットが苦しさの中からつかんだ第4迎撃戦闘航空団と第51迎撃戦闘航空団のセイバーに対する多大な成功を喜んだかどうかは疑わしいが、ミグがF-80、F-84とミーティアのような戦闘爆撃機に対する成功を喜んだのは確かだ。これらの機体は一般的にミグに劣り、しばしば大編隊で実戦行動した。

古参のロシア将校は、戦闘爆撃機からの襲撃から北朝鮮を守るのが朝鮮戦争でのMiG-15の主要任務だったと断言しており、ある将校によれば、「F-86との交戦は、彼らが爆撃機攻撃の障害となっているので排除しようとしたのか、偶然に遭遇したのかだった。セイバーと対するのは、中国や北朝鮮のMiG-15にとっては、遙かに苦しい戦いだった」という。戦闘爆撃機は簡単に交戦を避けられる時もあったが、時には、踏みとどまって戦い、成功を収めた。朝鮮でのソビエト空軍前司令官だったゲオールギイ・ローボフの回想では、「たいてい、敵の戦闘爆撃機との会敵時間は短く、執拗な戦いとなり、我々も彼らも人命と航空機を失った」という。

　朝鮮に派遣されたソビエトのパイロットには非常に腕が立つ者がいた。多くは、大祖国戦争（第二次大戦）でのエースであり、彼らは正しい訓練法を受けると昔の腕を速やかに取り戻し、一方、それより年下の若者はさらに有能だった。その上、彼らは強い動機を与えられていた。多くの者が心底から、国連軍が北朝鮮に対して侵略戦争を企てていると信じており、アメリカ人が口で表現できないほどの野蛮な行為でもって戦っているという概念に、厳選されたプロパガンダ（宣伝）が力を貸していた。ゲオールギイ・ローボフ少将（1952年よりの第64戦闘航空軍団司令官）は、彼が朝鮮の到着して最初の実戦勤務を第303戦闘飛行師団長として始める前に、B-29の空襲の跡を新義州の町で見せられた。

　彼は無意識にドレスデン〔第二次大戦欧州戦線終結直前に、米英空軍が東からの避難民が集結しているドイツの旧都ドレスデンを爆撃、広島以上ともいう死者を出して、残虐性を問われた〕を思い出し、新義州は軍事的重要性をもたない都市であって、爆撃は北朝鮮人民と戦争するというアメリカの決意を象徴であると信じたと回想している。また、水力発電所のダムに対するアメリカの攻撃は、貯水ダムを破壊して、地元の民間人に痛手を与える計画であったとする誤った報告がなされた〔これは1952年6月の水豊ダムの発電施設攻撃を意味すると思われる。前年の1951年5月には華川ダム攻撃を行なっている〕。ソビエトのパイロットたちは、自分たちを帝国主義者に対する北朝鮮の守護者と見なした。

"正義"の根拠
The 'Right' Cause

　自分たちは"正義"の側にいるのだというこの信念は、失敗によって引き起される事態への恐れによっても強化された。その恐れは理解できるものだった。部隊（個々のパイロットはもちろんである）は、もし、彼らの成績が振るわないと、不興を買って簡単に国に送り返されしまう。そして非能率や無能よりも、もっと深刻で国に残した家族の安全を脅かしかねないことがあった。連隊の政治将校はロシアのパイロットに、いつも、もし彼らが捕虜になったら、"すべて"を失うだろうと警告していた〔つまり、捕虜になったら家族が報復を受けるということ。黄海に脱出・不時着水したミグのパイロットをアメリカが捕らえようとしたら、MiG-15が妨害、海上のパイロットに銃撃を加えたという記述がある。捕虜になったソ連パイロットはひとりもいない〕。さらに、MiG-15自体がある程度の自信をもたせた。なぜなら、ミグ戦闘機は多くの点でアメリカ空軍最高の戦闘機F-86と同等以上だった。この戦争で飛行隊長をつとめ、13機の戦果をあげた

（大祖国戦争でも12機を撃墜）セルゲーイ・クラマレーンコは両機を比較して次のようにいう。

「セイバーは朝鮮の空で、私と我が同志にとって一番の強敵だった。我々のMiG-15とF-86は同クラスで、同じような性能をもつ似たような機種だった。2つの機種の違いは、ミグが高高度での上昇率に優り、セイバーは運動性、特に低高度の運動性に優っていることだ。だが、これらの長所はつねに活用できるわけではなかった。原則的に、戦闘は最初の攻撃で決まる。一撃後にMiG-15は高高度に戻り、セイバーは地表に急ぐ。各々が明白な強みをもつ高度に到達しようとし、かくて戦いは立ち消えになる」

事実、MiG-15には他のいくつかの長所があった。F-86が発射速度の高い6挺の12.7mm機関銃を装備していたのに対して、ミグは発射速度の低い3門の砲、つまり2門のNR-23 23mm砲と1門の37mm N-37を装備していた。ミグの兵器は射程が非常に長く、1発ずつがものすごい破壊力をもっていた。N-37の低い発射速度は、爆撃機を目標とする使用にはこの重火器を理想的な兵器とした。だが、すばやく機動し、運動性のよい戦闘機に対しては、正確に狙うのは難しかった。それにもかかわらず、1発の命中で、しばしばF-86を破壊するほどで、多くのソビエトのエースは兵装こそ彼らの最大の長所だと思っていた。彼らにとって遺憾なことに、MiG-15のパイロットは自機の照準器——原始的なAPS照準器——に裏切られていた。この機器はしばしば高いGがかかった機動中に故障し、自動距離測定機器に連動していなかった（セイバーの照準器はレーダー測定を使用していた）［この点で捕獲したF-86Aがソ連に最大の貢献をした］。

ソビエト空軍の参戦は、多くの面でアメリカ空軍と異なった（ソビエト空軍は複数の航空軍より構成され、朝鮮戦争には戦術航空軍と防空戦闘航空軍から送られた）。ソビエトは、戦争への参加をすっかり隠そうとし、無線でのロシア語の使用を禁止、将兵の多くに中国の軍服を着せ、階級も身分証明書も与えず秘密に包んだが、それは戦争拡大を恐れてのことだった。死者は旅順の古い墓地に、1904年の日露戦争での死者とともに埋葬された。朝鮮戦争でソビエトのパイロットが戦っていることを知った者には、ソビエト政府は朝鮮にいるパイロットは単なる志願兵にすぎないという言い訳を用意していた。

国連軍のパイロットが鴨緑江を越える執拗な追跡を禁止されたように、ソビエトのMiG-15のパイロットは海上での飛行や、元山と平壌を結う境界線を南に超えることを禁止されていた。

ソビエトの朝鮮戦争への参戦は決して大規模ではなく、第64戦闘航空軍団の司令官は、朝鮮戦争でのソビエトの戦闘機勢力はアメリカ空軍の第4迎撃戦闘航空団と第51迎撃戦闘航空団のそれと同等に達したことはないと主張した。MiG-15の大勢力は、北朝鮮空軍と中国空軍によっても、効果的でないが使用された。ソビエト第64戦闘航空軍団のピーク時の戦力は、3個航空師団を配下に収めたが、すべて定数以下であり、ある師団はわずか2個（正規は3個）の構成連隊（こちらの部隊も定数以下だった）しかもっておらず、ほかに夜間戦闘機部隊と海軍航空連隊がいた。鴨緑江の南の34の飛行場は国連軍の戦闘爆撃機によって休みなく攻撃され、たとえ、それらの飛行場に使用の兆候が現れただけでも攻撃されたので、ソビエトのジェット機が使用する飛行場は、鴨緑江の北に位置する安東と満浦、1952年

から大堡の3カ所に制限された。

　戦場への交替勤務は師団単位で行われ、"古強者"が彼らの経験を新顔に伝える期間は非常に短期間しかなかった。また、戦闘経験者と未経験者とが一緒に飛行する機会はなく、この国連軍の慣例である習慣はなかった。ソビエト戦闘機が朝鮮戦争で活動していることは秘密であり、この戦闘で得られた戦訓を生かして、新たな部隊が戦域に到着する前に訓練することを不可能とした。新たに到着した部隊は、訓練とは劇的なまでに異なった試練に耐え、その結果、部隊によって、成功の度合いが異なった。

　ソビエトにとって、朝鮮戦争は明確に3つの局面に分けられる。初期の段階では、国連軍の空軍力を阻止できないことが証明された。北朝鮮空軍の練度は低く、装備もYak-9やLa-11のような旧式のレシプロ戦闘機だった。クビンカ基地のいわゆる"儀仗"連隊（第29戦闘機連隊）は、朝鮮戦争が始まる前に中国に派遣され、第151戦闘航空師団とともに、新たに編成された第64戦闘航空軍団の支配下に入った。彼らは1950年11月から戦闘に参加、鴨緑江の北の基地から飛び立ち、国連軍の攻勢を弱めることができた。

［ロシアの朝鮮戦争参加についての情報は全容が判明しておらず、したがって、西欧側の筆者がよく引用する、あるロシア人の著作でも新旧で内容に大きな変更が見られる。この第1陣の内容はその最たるもので、現在では3個戦闘飛行師団が派遣されたことが定説とされている。ただし、1個戦闘飛行師団は12月から中国志願軍と北朝鮮人民軍の訓練に廻され、他の1個戦闘飛行師団も一時、訓練に廻されたので、戦闘は実質的にはほぼ1個戦闘飛行師団が当たったという。第1陣は1950年11月から1951年4月まで前線任務についた］

　ミグ戦闘機は地上攻撃機に対しては成功を収めたが、F-86との戦いは一方的だった。ソビエトのパイロットはよく訓練されておらず、劣った戦術を用いた。そこで、ソビエト連邦英雄章は3機といった少数の撃墜戦果で与えられ、任務出撃40回でレーニン章が与えられた。第1陣のパイロットと交替して勤務についた第2陣はよく選別がなされ、練度も高く、大きな成功を収めた［第2陣の前線任務期間は1951年4月より1952年1月まで］。

　これら第2陣は、第二次大戦の偉大なエース、イワーン・コジェドゥーブを司令官とする第324戦闘航空師団と、グリゴーリイ・ローボフを司令

アメリカ空軍の最高司令部は、MiG-15とそれを操縦するパイロットの能力を見下してあざけることはできたが、このジェット機の機関砲から発射される狙い定められた23mmないし37mmのたった1発が当たっただけでも、高速ジェット機の柔肌に甚大な被害を及ぼすことを否定できるものは誰もいなかった。上の写真では、基地に帰還した、第8戦闘爆撃航空団、第35戦闘爆撃飛行隊のウィリアム・S・オリアリィ中尉が、ランプの上で損害の程度を確認している。彼は心の中で、自分のF-86Fを特に頑丈に製作したノースアメリカンに感謝しているに違いない。オリアリィ中尉は、北朝鮮深くへの襲撃で爆弾を投下したちょうどその時にミグにやられたが、幸いにも、襲撃者の手をなんとか逃れ、南に戻れた。この写真は1953年6月に撮影された。(USAF via Jerry Scutt)

とする第303戦闘航空師団で、ロボーフは後に第64戦闘航空軍団の司令となる。第324戦闘航空師団は第176親衛戦闘機連隊と第196戦闘機連隊とで構成され、両連隊は大祖国戦争で経験を積んだパイロットが高い比率を占めており、1951年3月に朝鮮戦域へ到着した。第196戦闘機連隊の司令はエフゲーニイ・ペペリャーエフで、派遣前に激しく訓練されていた。司令は「訓練に泣き実戦で笑う」という格言の熱烈な信者だった。そこで、ペペリャーエフは徹底した低高度飛行の訓練を始め、部下のパイロットたちを2機編隊構成、小隊構成、大編隊での格闘戦訓練に駆り立てた。彼が明確な目的としたのは、「アメリカ人の標準に達するべく懸命に努力する」ことで、その結果、彼は部下に「十分な準備ができた」と評価した。ペペリャーエフは自分の部隊こそ朝鮮戦争でそのような態勢にある唯一の部隊であると信じていた。しかし、戦後かなりたってから、彼のパイロットは個人レベルで比較すると、対戦したアメリカ人ほどよく訓練されていなかったことを認めた。

それにもかかわらず、第196戦闘機連隊は朝鮮戦争での服務期間中に104機を破壊し、失ったのは10機のミグと4人のパイロットだった。撃墜数のうち23機はペペリャーエフ自身の機関砲の前に倒れたものだった。

一方、第176親衛戦闘機連隊の方は出だしが不調で、最初の任務出撃で3機のジェット機を失った。その後は17機のミグと5人のパイロットを失ったものの、103機を撃墜申告するまでに漕ぎ着けた。双方の部隊ともに安東から出撃した。

第303戦闘航空師団
The 303rd IAD

ローボフの第303戦闘航空師団は満浦を基地とした。コジェドゥーブの第324戦闘航空師団の成功にはわずかに届かなかったが、同じくらいの撃墜数をあげ、30機を失った。1951年半ばに、より強力なMiG-15bisが朝鮮戦域に配備されていたMiG-15基本型と交替し始めた。この型は推力に、少しではあるが意義のある改良がされていた［MiG-15bisの搭載したVK-1エンジンは推力2700kgとなり、それまでより430kg向上した］。アメリカ空軍がB-29を夜間爆撃に転用し始めた時、B-29はほとんど難攻不落であることを久々に見せつけた。夜間戦闘機として出撃した時代物のラーヴォチキンLa-11レシプロ戦闘機では侵入者を阻止できなかったのである。このため第64戦闘航空軍団の夜間戦闘機部隊である第351戦闘航空師団は、1952年2月から所属2個飛行隊のひとつをミグに機種転換し、残りの部隊に引き続きLa-11を配備した。

1年以内に部隊から1名のエースが生まれた。アナトーリイ・カレーリンは撃墜5機（このうち1機はLa-11での戦果）をあげ、ソビエト連邦英雄章を授けられた。夜の空は単座でレーダーを装備していないミグにとって危険な場所だったが、徘徊するアメリカの夜間戦闘機（全機種がレーダーを装備していた）と戦わねばならなかった。MiG-15は、昼間よりも目標にぐっと近づかねばならず、敵の砲火に身を曝さねばならなかった。たとえば、カレーリンの5機目の犠牲者となったB-29は、彼のジェット機に117もの破孔を開け、燃料系統を切断した。

［朝鮮戦争当時は、ソビエトがレーダーつき夜間戦闘機を使用していると

信じられていたが、夜戦MiGは月の明かりや照空灯の助けを借り、GCI（地上迎撃管制）と肉眼で捜索して攻撃した］

　戦いに参加した3番目の師団は、第304戦闘航空師団で、派遣が完了した時は大堡を基地とした［この部隊の朝鮮戦争参加は今では否定されている］。第324戦闘航空師団と交替したのは防空戦闘航空軍の第97戦闘航空師団だった。この部隊は非常に準備が悪かったので、たった2カ月の戦闘に参加しただけで、1952年4月には後方に下げねばならなかった。そこで、第196戦闘機連隊は短期間であったが、ふたたび戦場に戻らねばならず、その間、交替部隊はさらなる訓練に励んだ。朝鮮戦争で使用された他のミグの部隊には、第535戦闘機連隊と第878戦闘機連隊があった。［現在では、他にも部隊があったことが判明している］

　ソビエトが朝鮮戦争で用いた戦術は、大祖国戦争末期に使用されたものとほとんど変わりなかった。基本単位はパーラ（2機編隊）またはズヴェノー（4機小隊）だった。8機（4機小隊の2単位）編隊は初期の段階で使用され、朝鮮戦争末期には、より柔軟性の高いジェット6機編隊の使用に替えられた。飛行隊は交替制で待機し、2時間おきに入れ替わった。GCI（地上迎撃管制）レーダーの管制官が部隊を緊急発進させ、それからパイロットに敵の状況を知らせた。

　GCI警戒体制ではできる限りパイロットを操縦席内で待機させることを避けた。理由は、操縦席で待機させられたパイロットは、夏には暑さと湿気にやられ、冬には寒さと疲労でへとへとになってしまうからだ。MiG-15の窮屈な操縦席は、パイロットに暖かい毛皮の裏地がついた厚い衣服の着用を不可能とし、冬季に警急状況についた哀れなパイロットは、軽量な飛行装備の上に薄い革のジャケットを羽織って、厳しい寒さから身を守るしかなかった。一方、夏になると、操縦席にはエアコンがなく、飛行服も米軍のようなベンチレーターはないため、パイロットは暑さで汗だくとなった［捕獲されたF-86Aのエアコンは早速取り外されて、MiG-17で飛行試験された］。

　ミグは防衛すべき目標の上空で2層になって待機し、上層部隊は敵の護衛に対して上空から高度の優位と急降下による速度を生かして襲いかかり、低層部隊は敵戦闘爆撃機への迎撃を担当した。部隊には控え組がいて、必要な時にはいつでも支援できる状態にあった。上空からのヒットエンドラン戦術が好まれ、複数の2機編隊が急降下してすばやく一撃を加え、加速を利用して、安全な高空へ駆け登った。経験を積んだパイロットの中には、戦闘爆撃機に対する下からの奇襲攻撃を好んだ者もいた。これは敵の死角を利用した戦法であった。

付録
appendices

アメリカ航空部隊別敵機撃墜者名と撃墜数 ［数字は撃墜機数］

　国連軍パイロットによる朝鮮戦争での撃墜数を正確に確認することは多分不可能だろう。「撃墜」（kill）と裁定する規準が甘すぎる問題に加えて、この戦争で破壊された敵機の総数が終戦以来、次第に減少してゆき、空中戦での公認損失数は着実に増加している。空中戦での撃墜対損失の比率は戦争直後ではおよそ10対1だったが、現在では2対1に近い比率になってきている。当時認められた米空軍の戦果申請（claim）は、結局のところ、数機だけが戦後に公認戦果（credit）として与えられ、かくして、戦争の最終時の合計にかなりの不足が生じることになった。どの戦果申請が公認戦果にならなかったは公式には発表されていない。したがって、この付録で紹介する米空軍パイロットの撃墜数は申請を表すもので、公認戦果ではない。

　戦果申請の分析はMiG-15がもっとも頻出する相手であることを示しており、次いでヤコヴレフYak-9［レシプロ戦闘機］、イリューシンIℓ-10［レシプロ攻撃機］、ツポレフTu-2［レシプロ爆撃機］、ラーヴォチキンLa-9［レシプロ戦闘機］、ポリカルポフPo-2［レシプロ汎用機］、ヤコヴレフYak-18［レシプロ練習機］の順である。それらの申請の内訳は、MiG-15は841機プラス未確認機1機（おそらく当時、ヤコヴレフYak-15［ジェット戦闘機］と誤認されたと思われる）。Yak-9は14機プラスYak-3 4機、Iℓ-10は9機プラスIℓ-12 1機、Tu-2は9機、La-9は6機プラスLa-7 3機、Po-2/Yak-18は各1機ずつである。

　戦果の大部分はF-86セイバーのパイロットによるもので、その818機のうちの305.5機という多数が39人のトップ撃墜者（全員エース）に当時公認され、残る戦果のうち292機は2機以上を撃墜した115人のパイロットが申請した。本書にはエース（5機以上を撃墜した者）全員をかかげてあるが、本書の限られた紙数では敵機1機を撃墜したセイバーのパイロット全員までを紹介することができなかった。

　そのかわり、各セイバー装備隊のトップ撃墜者を掲げ、さらに他の興味をひくパイロット（たとえば、第二次大戦で戦果をあげているとか、交換制度で配属された、米海軍、米海兵隊、英連邦空軍のパイロット）を含めた。また、我々は他の機種に搭乗するパイロットで戦果をあげた全員の名を収録するように努めたが、レーダー操作士や銃手などは含めなかった。

　セイバーを除く他の米空軍の機種では、B-29は27機、F-80は17機、F-51Dは12機、F-84は10機、F-94は4機、F-82は3機、B-26は1機の戦果が申請されている。

米空軍
戦闘機隊

■第4迎撃戦闘群／航空団（4FIG/FIW）＊

4FIG本部付（20.5）
4FIW本部付（4）

グレン・T・イーグルストン大佐	2
（他にWW2で18.5）	
フランクリン・T・フィッシャー少佐	3
フランシス・S・ガブレスキー大佐	2（合計6.5）
ウィリアム・J・ホーデ中佐	1
（他にWW2で10.5）	
ジョージ・L・ジョーンズ中佐	1.5（合計6.5）
ジョン・C・メイヤー大佐	2
（他にWW2で24）	
ベンジャミン・S・プレストン大佐	4
ポール・E・ブウ少佐（USN）	2
ハリソン・R・サイン大佐	3（合計5）

［空軍の組織では上から順に航空団→航空群→飛行隊となり、朝鮮戦争での部隊構成は個々に、また、時期が異なった。たとえば、本4FIWでは一時期、豪州空軍第77飛行隊を支配下に置いた］

第334迎撃戦闘飛行隊／334FIS（142.5）

フェリックス・アスラ少佐	1（合計4）
リチャード・S・ベッカー大尉	5
フレデリック・C・ブレス少佐	10
チャールズ・G・クリーブランド中尉	4
ウィリアム・L・コスビィ中佐	2（合計3）
ジョージ・A・デイヴィス少佐	14
マニュエル・J・フェルナンデス大尉	14.5
アーニィ・グローバー大尉（RCAF）	3
ジェイムズ・P・ハガーストロム少佐	1（合計8.5）
ジェイムズ・ジャバラ少佐	15
J・A・O・レヴェスキュ大尉（RCAF）	1
レナード・W・リリィ大尉	7
ラルフ・S・パー大尉	10
ジェイムズ・B・レーベル中尉	1（合計3）
フォスター・L・スミス少佐	1（合計4.5）
ウィリアム・T・ホイスナー少佐	2（合計5.5）

335迎撃戦闘飛行隊／335FIS（218.5）

ゼイン・S・アメル少佐	3
ロイヤル・N・ベイカー大佐	9（合計13）
リチャード・S・ベッカー中尉	5
フィリップ・E・コールマン大尉	4
（他にWW2で5）	
クライド・A・カーティン大尉	5
カール・K・ディットマー大尉	3
ビリー・B・ドブズ中尉	4
ドン・F・ダーンフォード大尉（USMC）	0.5
ベンジャミン・H・エマート・Jr中佐	1
（他にWW2で6）	

ヴァーモント・ギャリソン中佐	10	
ラルフ・D・ギブソン大尉	5	
アレックス・J・ギリス少佐（USMC）	3	
ジェイムズ・P・ハガーストロウ少佐	1	（合計8.5）
ジェイムズ・K・ジョンソン大佐	10	
クリフォード・D・ジョリー大尉	7	
ジョージ・L・ジョーンズ中佐	3	（合計6.5）
ジェイムズ・H・カスラー中尉	6	
ロバート・T・ラットショー・Jr大尉	5	
ロバート・J・ラヴ大尉	6	
ジェイムズ・F・ロー中尉	9	
ウィントン・W・マーシャル少佐	6.5	
ジャック・E・マス少佐	4	
コンラッド・E・マットソン大尉	4	
（他にWW2で1）		
ロニー・R・ムーア大尉	10	
ミルトン・E・ネルソン大尉	4	
J・M・ニコルズ大尉（RAF）	2	
アイラ・M・ポーター中尉	3	
メルトン・E・リッカー中尉	3	
アルバート・B・スマイリー中尉	3	
フォスター・L・スミス少佐	3.5	（合計4.5）
ハリソン・R・サイン大尉	2	（合計5）
マレー・A・ウィンスロー大尉	4	

336迎撃戦闘飛行隊／336FIS（116.5）

フェリックス・アスラ少佐	3	（合計4）
ロイヤル・N・ベイカー大佐	4	（合計13）
ラルフ・E・バンクス大尉	4	
スティファン・L・ベッティンガー少佐	5	
ウィリアム・L・コスビィ少佐	1	（合計3）
リチャード・D・クライトン少佐	5	
シンプソン・エヴァンズ・Jr大尉（USN）	1	
ウォルター・W・フェルマン中尉	4	
ピーター・J・フレデリック大尉	3	
ルイス・A・グリーン中佐	4	
ウィリアム・F・ガス大尉（USMC）	1	
ブルース・H・ヒントン中佐	2	
グラハム・S・ハルゼ大尉（RAF）	3	
アンソニー・クレンゴスキー中尉	1	（合計3）
ブルックス・J・リレズ大尉	4	
ロバート・H・ムーア大尉	5	
チャールズ・D・オーエンズ少佐	2	
J・S・ペイン中佐（USMC）	1	
ロビンソン・リスナー少佐	8	
トーマス・M・セラーズ少佐（USMC）	2	
ヒューストン・N・チュール大尉	3	

＊第4迎撃戦闘群／航空団は朝鮮戦争でのUSAFの戦果の54％をあげた。

■第51迎撃戦闘群／航空団（51FIG/FIW）

51FIG本部付（5）		
51FIW本部付（6.5）		
フランシス・S・ガブレスキー大佐	4.5	（合計6.5）
ジョージ・L・ジョーンズ中佐	2	（合計6.5）
ウォーカー・M・マヒューリン大佐	1	（合計3.5）
ローレンス・E・スパー大尉（RCAF）	1	
ウィリア・H・ウエストコット少佐	1	（合計5）

第16迎撃戦闘飛行隊／16FIS（85）

ドナルド・E・アダムス少佐	6.5	
エドウィン・E・オルドリン中尉	2	
ロバート・P・ボールドウィン大佐	1	（合計5）
セシル・G・フォスター大尉	9	
エドウィン・L・ヘラー中佐	3.5	
（他にWW2で5.5）		
ヴィセント・マーゼロ大尉（USMC）	1	
ジェイムズ・A・マッカレー中尉	3	
ドルフィン・D・オーバートンⅢ世大尉	5	
ロバート・L・サンズ中尉	3	
リチャード・H・ショーネマン大尉	3	
ウィリアム・F・シェファー少佐	3	
ロバート・ウェイド大尉（USMC）	1	

第25迎撃戦闘飛行隊／25FIS（110.5）

ロバート・P・ボールドウィン大佐	3	（合計5）
ノーマン・L・ボックス大尉	3	
ヘンリー・バトルマン中尉	7	
ヴァン・E・チャンドラー少佐	3	
（他にWW2で7）		
R・T・F・ディキンソン大尉（RAF）	1	
ジョン・グレン・Jr少佐（USMC）	3	
エルマー・W・ハリス少佐	3	
（他に地上撃破3）		
H・ジェンセン大尉（USMC）	1	
イヴァン・キンチェロ大尉	9	
アンソニー・クレンゴスキー中尉	2	（合計3）
J・H・J・ラベル大尉（RAF）	1	
ウォーカー・M・マヒューリン大佐	2.5	（合計3.5）
ジェイムズ・B・レーベル中尉	2	（合計3）
ヘルマン・W・ヴィシャー少佐	1	
（他にWW2で5）		
ウィリアム・H・ウエストコット少佐	4	（合計5）
ウィリアム・T・ホイスナー少佐	3.5	（合計5.5）

第39迎撃戦闘飛行隊／39FIS（101）

ロバート・P・ボールドウィン大佐	1	（合計5）
ジョン・F・ボルト少佐（USMC）	6	
ローウェル・K・ブラウランド少佐	2	
（他にWW2で12.5）		
ハロルド・E・フィッシャー大尉	10	
ジョン・H・グランヴィル－ホワイト大尉（RAF）	1	
ジョン・J・ホックケリー少佐	1	
（他にWW2で7）		
フランシス・A・ハンブレイズ中尉	3	
クラウド・A・ラフランス大尉（RCAF）	1	
ジェイムズ・D・リンゼイ少佐（RCAF）	2	
ジョーゼフ・M・マッコーネル大尉	16	
ジョン・W・ミッチェル大佐	4	
（他にWW2で11）		
ジョージ・I・ラッデル中佐	8	

第68全天候戦闘飛行隊／68F（AW）S（2）

ウィリアム・G・ハドソン中尉	1	

チャールズ・B・モラン中尉　　　　　　1
［上の戦果はF-82に依る］

第319迎撃戦闘飛行隊／319FIS（4）
ベンジャミン・L・フィチアン大尉　　　1
ロバート・V・マクヘイル中佐　　　　　1
ジョン・R・フィリップス大尉　　　　　1
スタントン・G・ウィルコック少尉　　　1（体当たり）
［上の戦果はF-94に依る］

第339全天候戦闘飛行隊／339F（AW）S（1）
ジェイムズ・W・リトル少佐　　　　　　1
［上の戦果はF-82に依る］

■戦闘爆撃隊／Fighter-Bomber Units
［下記リストには護衛戦闘群／飛行隊も含む。
また、以下の（ ）内は戦果をあげた時の搭乗機を示す］

第8戦闘爆撃飛行隊／8FBS
オルリン・R・フォックス少尉　　　　　2（F-51）
ロイ・W・マーシュ中尉　　　　　　　　1（F-80）
ハリー・T・サンドリン中尉　　　　　　1（F-51）

第9戦闘爆撃飛行隊／9FBS
ケネス・L・スキーン大尉　　　　　　　1（F-84）

第12戦闘爆撃飛行隊／12FBS
ドナルド・R・フォーブス中尉　　　　　1（F-86）
ジェイムズ・L・グレスナー中尉　　　　1（F51）

第16戦闘爆撃飛行隊／16FBS
ラッセル・J・ブラウン中尉　　　　　　1（F-80）
ウィリアム・W・マックアリスター中尉　1（F-80）
［本文第2章中では、この番号の飛行隊は迎撃戦闘飛行隊／FIS
であるが、原著者がここに挿入したのは、両者が戦果をあげ
た時はF-80で地上攻撃任務に従事していたためと思われる］

第27護衛戦闘群／27FEG
ウィリアム・E・ベルトラム中佐　　　　1（F-84）

第35戦闘爆撃飛行隊／35FBS
リチャード・J・バーンズ中尉　　　　　1（F-51）
フランシス・B・クラーク大尉　　　　　1（F-80）
ロバート・H・デウォールド中尉　　　　1（F-80）
ディヴィッド・H・グットノー少尉　　　1（F-80）
レイモンド・E・シラーフ大尉　　　　　1（F-80）
ロバート・E・ウェイン中尉　　　　　　2（F-80）

第36戦闘爆撃飛行隊／36FBS
エルウッド・A・キース少尉　　　　　　1（F-80）
ハワード・J・ランドレイ中尉　　　　　1（F-80）
ロバート・L・リー大尉　　　　　　　　1（F-80）
ロバート・D・マッキー中尉　　　　　　1（F-80）
ロバート・E・スミス中尉　　　　　　　1（F-80）
ジョン・B・トーマス中尉　　　　　　　1（F-80）
チャールズ・A・ワースター中尉　　　　2（F-80）

第67戦闘爆撃飛行隊／67FBS
エルマー・N・ダンラップ大尉　　　　　0.5（F-86）
ハワード・エバソール少佐　　　　　　　1（F-86）
アルマ・R・フレイク大尉　　　　　　　2（F-51）
ジェイムズ・P・　　　　　　　　　　　6.5（F-86で合計8.5）
ハガーストロウム少佐
ジェイムズ・B・ハリソン中尉　　　　　1（F-51）
モーリス・L・マーチン大佐　　　　　　1（F-86）
ジョン・L・メッテン中尉　　　　　　　1（F-86）
アーノルド・マリンズ少佐　　　　　　　1（F-51）
ハワード・I・プライス大尉　　　　　　1.5（F-51）
ヘンリー・S・レイノルズ中尉　　　　　0.5（F-51）
ロバート・D・スレッサー大尉　　　　　1（F-51）

第111戦闘爆撃飛行隊／111FBS
ケネス・C・クーレイ中尉　　　　　　　1（F-84）
ジョン・M・　　　　　　　　　　　　　0.5（F-84）
ヒューエット・Jr中尉

第154戦闘爆撃飛行隊／154FBS
フェリー・D・フォートナー中尉　　　　1（F-84）

第158戦闘爆撃飛行隊／158FBS
ポール・C・ミッチェル大尉　　　　　　1（F-84）

第182戦闘爆撃飛行隊／182FBS
アーサー・E・オライター中尉　　　　　0.5（F-84）
ハリー・L・アンダーウッド大尉　　　　0.5（F-84）

第522護衛戦闘飛行隊／522FES
ウィリアム・W・スローター大尉　　　　1（F-84）

第523護衛戦闘飛行隊／523FES
ジェイコブ・クラット・Jr中尉　　　　3（F-84）

■爆撃機部隊＊
第8爆撃飛行隊／8BS
リチャード・M・ヘイマン大尉　　　　　1（B-26）

＊B-29の銃手が27機を撃墜したが、それらはこの付録の対象
外である。

■米海軍＊
第3海軍混成飛行隊／VC-3
ガイ・ボーデロン大尉　　　　　　　　　5（F4U-5N）

第31海軍戦闘飛行隊／VF-31
F・C・ウェーバー少尉　　　　　　　　1（F9F-2）

第51海軍戦闘飛行隊／VF-51
E・W・ブラウン少尉　　　　　　　　　1（F9F-2）
レナード・プログ大尉　　　　　　　　　1（F9F-2）

第52海軍戦闘飛行隊／VF-52
W・E・ラム少佐　　　　　　　　　　　1（F9F-2）（他にWW2で5）
R・E・パーカー大尉　　　　　　　　　1（F9F-2）

第111海軍戦闘飛行隊／VF-111
W・T・エィメン少佐　　　　　1（F9F-2）

第781海軍戦闘飛行隊／VF-781
J・D・ミドルトン中尉　　　　1（F9F-2）
E・R・ウィリアムズ大尉　　　1（F9F-2）

＊上のリスト以外にも、F-86部隊で飛行した海軍パイロットは3機を撃墜、F-84部隊で飛行したW・M・シーラは1機を申請した。これで、海軍は合計17となる。

■米海兵隊＊
第312海兵攻撃飛行隊／VMA-312
ハロルド・ディ中尉　　　　　1（FG-1D/F4U-4）
フィリップ・デ・ロング大尉　2（FG-1D/F4U-4）
　　（他にWW2で11）
ジェス・フォルマー大尉　　　1（FG-1D/F4U-4）

第1海兵混成飛行隊／VMC-1
ジョージ・ライネメイアー少佐　1（AD-4）

第513海兵夜間戦闘飛行隊／VMF（N）-513
ジョン・アンドレ大尉　　　　1（F4U-5N）
ロバート・コンレイ中佐　　　1（F3D）
ジョーゼフ・コルヴィ中尉　　1（F3D）
オリバー・デイヴィス大尉　　1（F3D）
エルスウィン・ダン少佐　　　1（F3D）
ドナルド・フェントン大尉　　1（F4U-5N）
オイゲン・ヴァン・　　　　　1（F7F-3N）
　グランディ少佐
E・B・ロング大尉　　　　　　1（F7F-3N）
ウィリアム・ストラットン少佐　1（F3D）
J・ウィーヴァー大尉　　　　1（F3D）

＊上のリスト以外にも、空軍の第4および第51迎撃戦闘航空団で飛行したパイロットが21.5機を撃墜した。これで、海兵隊は合計36.5となる。

カラー塗装図　解説
colour plates

1
F-86E-1-NA　50-623　「プリティー・メアリー・アンド・ザ・ジェイズ（Pretty Mary & the Js）」
第4迎撃戦闘航空団司令　ハリソン・R・サイン大佐

サインは第二次大戦の古強者で、欧州ではドイツ空軍機を撃墜、極東では1944/45年にリパブリックP-47N飛行隊の隊長として日本軍機も撃墜している［ドイツ機5機撃墜、日本機は隼1機を撃墜不確実］。彼が朝鮮戦争でのエース（この戦争での16番目のエース）となったのは、第4迎撃戦闘航空団の司令の座をジェイムズ・ジョンソン大佐に譲る少し前だった。5機撃墜のうちの2機は第335迎撃戦闘飛行隊で飛行中での公認戦果である。［サインが司令を務めたのは1951年11月1日から1952年10月2日まで］

2
F-86E-10-NA　51-2747　「オネスト・ジョン（Honest John）」
第4迎撃戦闘群司令
ウォーカー・M・「バド」・マヒューリン大佐

マヒューリンもベテラン戦闘機乗りで、第二次大戦でドイツ空軍機21機を撃墜している［乗機はP-47、本シリーズ12巻『第8航空軍のP-47サンダーボルトエース』を参照］。彼は朝鮮戦争では戦果3.5機をあげ、最初の撃墜は第51迎撃戦闘航空団配属時、他の撃墜は同迎撃戦闘航空団第25迎撃戦闘飛行隊と作戦中にあげた。図の機体は第4迎撃戦闘群司令時代の搭乗機。［彼が地上砲火に撃墜された時の乗機は図の機体ではない］

3
F-86F-10-NA　51-12941　第4迎撃戦闘航空団司令
ジェイムズ・K・ジョンソン大佐

ジョンソンはサインから第4迎撃戦闘航空団を引き継ぎ、本図で示すようなピカピカに磨き上げたF-86Fに搭乗した。本機に愛称はなく、第335迎撃戦闘飛行隊のマークが唯一の飾りであった。主翼と胴体に黄色の識別帯を付け、この帯は第4迎撃戦闘航空団所属機のみ垂直尾翼にもつけられた。彼は指揮官陣頭指揮の信者で、ちょうど10機の撃墜を遂げ、朝鮮戦争でのダブルエースのひとりとなった。

4
F-86A-5-NA　49-1281　第4迎撃戦闘航空団
第334迎撃戦闘飛行隊長　グレン・T・イーグルストン大佐

イーグルストンは第334迎撃戦闘飛行隊を率い、3機のミグを撃墜して、第二次大戦時の18.5機撃墜記録に戦果を加算した。彼の乗機は第4迎撃戦闘航空団が当初採用した斜め縞の識別帯をつけているが、これは後に黄色に黒の縁どりの帯に変えられた。空気取入口の縁は飛行隊色に塗られることもあった。

5
F-86A-5-NA　48-259　第4迎撃戦闘航空団　第334迎撃戦闘飛行隊　ジェイムズ・ジャバラ大尉（後に少佐）

ジャバラは朝鮮に2回服務勤務して、大きな戦果をあげた。1951年5月20日には片方の落下タンクを未投棄のまま撃墜を果たした最初のエースとなり、5番目と6番目の戦果を報じた。ジャバラは15機を撃墜する間に乗機を乗り換えたが、本図の48-259は最初の服務勤務での専用機である。

6
F-86F-1-NA　51-2857　第4迎撃戦闘航空団
第334迎撃戦闘飛行隊
マニュエル・J・「ピート」・フェルナンデス・Jr大尉

本機は第334迎撃戦闘飛行隊のもうひとりのエース、「ピート」・フェルナンデス・Jr大尉に割り当てられたが、しばしばジャバラ少佐が2回目の服務期間中に搭乗した。フェルナンデスはトップエースの座をロイヤル・ベイカーより1953年5月に奪ったが、後、マッコーネルに奪回された。

7
F-86E-10-NA　51-2821　第4迎撃戦闘航空団
第334迎撃戦闘飛行隊
フレデリック・C・「ブーツ」・ブレス少佐

フレデリック・ブレスは10機の戦果をあげたが、彼の名を空戦史に止めたのは『No Guts, No Glory』（ガッツのない奴には栄光は訪れない）の1冊［彼が朝鮮戦争での体験をもとに1953年に書いた空戦の教本］である。この教本は10年後のベ

トナム戦争でアメリカ戦闘機の戦術が彼のアイデアを反映して大改訂された時に、大きな影響を与えた。[緒戦で空軍戦闘機がほとんど戦果をあげられないことから、訓練法が改訂された]

8
F-86F-30-NA　52-4778　「バーブ／ヴァン・ド・モル(Barb/Vent De Mort)」　第4迎撃戦闘航空団
第334迎撃戦闘飛行隊　ラルフ・S・バー大尉
バーは1950年から51年にかけて第7戦闘爆撃飛行隊で185回の飛行任務を行い、1953年にはふたたび朝鮮に戻り、F-86でダブル・エースとなった！　彼が搭乗した機体はいくつもあり、図の52-4778「バーブ／ヴァン・ド・モル」、51-12955「バーバラ」や51-12959がある。[彼は最初の朝鮮勤務ではF-80に搭乗し、空戦での戦果はなかった。乗機の愛称の「バーブ」はバーバラの略、「ヴァン・ド・モル」とは、死の風]

9
F-86E-10-NA　51-2764　第4迎撃戦闘航空団
第334迎撃戦闘飛行隊　レナード・W・リリィ大尉
リリィは7機撃墜で戦闘勤務を終了した、空軍で22番目のエースである。撃墜のうち数機は、この地味なマーキングを施した機体であげた。[1952年9月に本機で2機を撃墜した]

10
F-86A-5-NA　49-1184　「ミス・ビヘイヴィング（Miss Behaving）」　第4迎撃戦闘航空団　第334迎撃戦闘飛行隊
リチャード・S・ベッカー中尉
ディック・ベッカーは5機撃墜をあげるまでに何機かのF-86Aに搭乗したが、全機とも公式に彼に割り当てられた「ミス・ビヘイヴィング」と同じようにストライプをつけたF-86Aだった。黒のストライプ1本が方向舵の前側に塗られ、黒のストライプは胴体や両主翼にもつけられた。

11
F-86F-10-NA　51-12953　第4迎撃戦闘航空団
第335迎撃戦闘飛行隊長　ヴァーモント・ガリソン中佐
任務服務期間終了までにダブル・エースとなったエースリスト32位のガリソンは、37歳で、エリートたちのなかで最年長であった。彼は経験と優れた腕から"ガンヴァル"計画セイバー・チームの一員に任命されたが、計画に用いられたこれらの機体は、本図で示すガリソンの乗機のように、部隊のマーキングすべてをつけたわけではなかった。[ガンヴァル計画はF-86の武装を12.7mm機銃より重武装に変換する極秘計画。本文第4章を参照]

12
F-86F-10-NA　51-12972　「ビリー（Billie）」
第4迎撃戦闘航空団　第335迎撃戦闘飛行隊
ロニー・R・ムーア大尉
ロニー・ムーアの乗機F-86Fは左側面に「ビリー」、右側面の機銃発射口パネル後方に「マージー（Margie）」と書いてあった。ガリソンと同じく彼も"ガンヴァル"計画のパイロットだったが、はたして彼が本計画に配属された時に何らかの戦果をあげて、撃墜数を増やしたかどうかはわからない。[ムーアは本計画従事中に1.5機を撃墜した。本図はガンヴァル機ではない]

13
F-86E-10-NA　51-2834　「ジョリー・ロジャー（Jolley Roger)」　第4迎撃戦闘航空団　第335迎撃戦闘飛行隊
クリフォード・D・ジョリー大尉
18番目のエースとなったジョリーは、他のパイロットとともに、固定燃料ロケットモーターをジェットエンジンの排気管の下に取り付けたF-86 6機の評価試験に選ばれた。これらの機体は工場で改造を受け、追加推力によって加速性を高めた結果、当初は成功を収め、ジョリーも彼の7機戦果のうちの2機をこのロケットつきの機体であげた。しかし操縦性には難点があって、評価パイロットのひとりが戦闘中に死亡した。本図の機体はジョリーの搭乗したF-86Eであるが、後に、「ジョットリング」・ジョー・ロマックに割り当てられ、愛称も「パトリシアII世（Patricia II）」と改められた。だが、この目立つ海賊旗「ジョリー・ロジャー」はそのままだった。

14
F-86E-10-NA　51-2769
「ベルニーズ・ブー（Bernie's BO）」　第4迎撃戦闘航空団
第335迎撃戦闘飛行隊　ロバート・J・ラヴ大尉
「ベルニーズ・ブー」は朝鮮戦争で6機を撃墜したボブ・ラヴの乗機。彼の所属した第335迎撃戦闘飛行隊は218.5機を撃墜し、この戦争の部隊別撃墜数合計では最高の戦果をあげた。

15
F-86F-30-NA　52-4416　「ブーマー（Boomer）」
第4迎撃戦闘航空団　第335迎撃戦闘飛行隊
クライド・A・カーティン大尉
カーティンは1952年の夏にこの主翼前縁にスラットをつけたF-86F [F-86Fは本格的な戦闘爆撃機型であるが、本機はまだいわゆる"6-3ウィング"を導入前の生産機] へ搭乗した。第335迎撃戦闘飛行隊が高い撃墜数をあげたのは一握りの"スター"の活躍より、パイロットたちの堅い団結に負うところが多かった。

16
F-86A-5-NA　48-261　第4迎撃戦闘航空団
第335迎撃戦闘飛行隊　ドナルド・トーレス中尉
朝鮮戦争ではカモフラージュを施したセイバーは珍しいが、ロシアのベテラン・パイロットたちはしばしば、彼らの相手機が迷彩塗装された機体であったと回想している。この、色あせ、つぎはぎされたF-86Aはドナルド・トーレス中尉に割り当てられた。

17
F-86E-10-NA　51-2822　「ザ・キング／エンジェル・フェイス・アンド・ザ・ベイブス（THE KING／Angel Face & The Babes）」　第4迎撃戦闘航空団　第336迎撃戦闘飛行隊
ロイヤル・N・「ザ・キング」・ベイカー大佐
数カ月にわたって朝鮮戦争のトップエースだったバーカー大佐は、この戦争で撃墜13機（MiG 12機とLa-9 1機）をあげ、エースたちのリスト中、4位となった。

18
F-86E-10-NA　51-2824　「リトル・マイク／オハイオ・マイク（Little Mike/Ohio Mike）」
第4迎撃戦闘航空団　第336迎撃戦闘飛行隊
ロビンソン・ライズナー大尉（後に少佐）
ライズナーは8機撃墜で服務勤務を終えて、朝鮮戦争エースの12位となった。彼の機体は、大きな虫メガネをもって、除隊書類をチェックしている鳥打ち帽を被ったアニメのウサギを大きく胴体両側に描いて、本航空団でもっともカラフルな機体であった。

19
F-86A-5-NA　49-1225　第4迎撃戦闘航空団
第336迎撃戦闘飛行隊　リチャード・D・クレイトン少佐
リチャード・クレイトンは第336迎撃戦闘飛行隊における初期

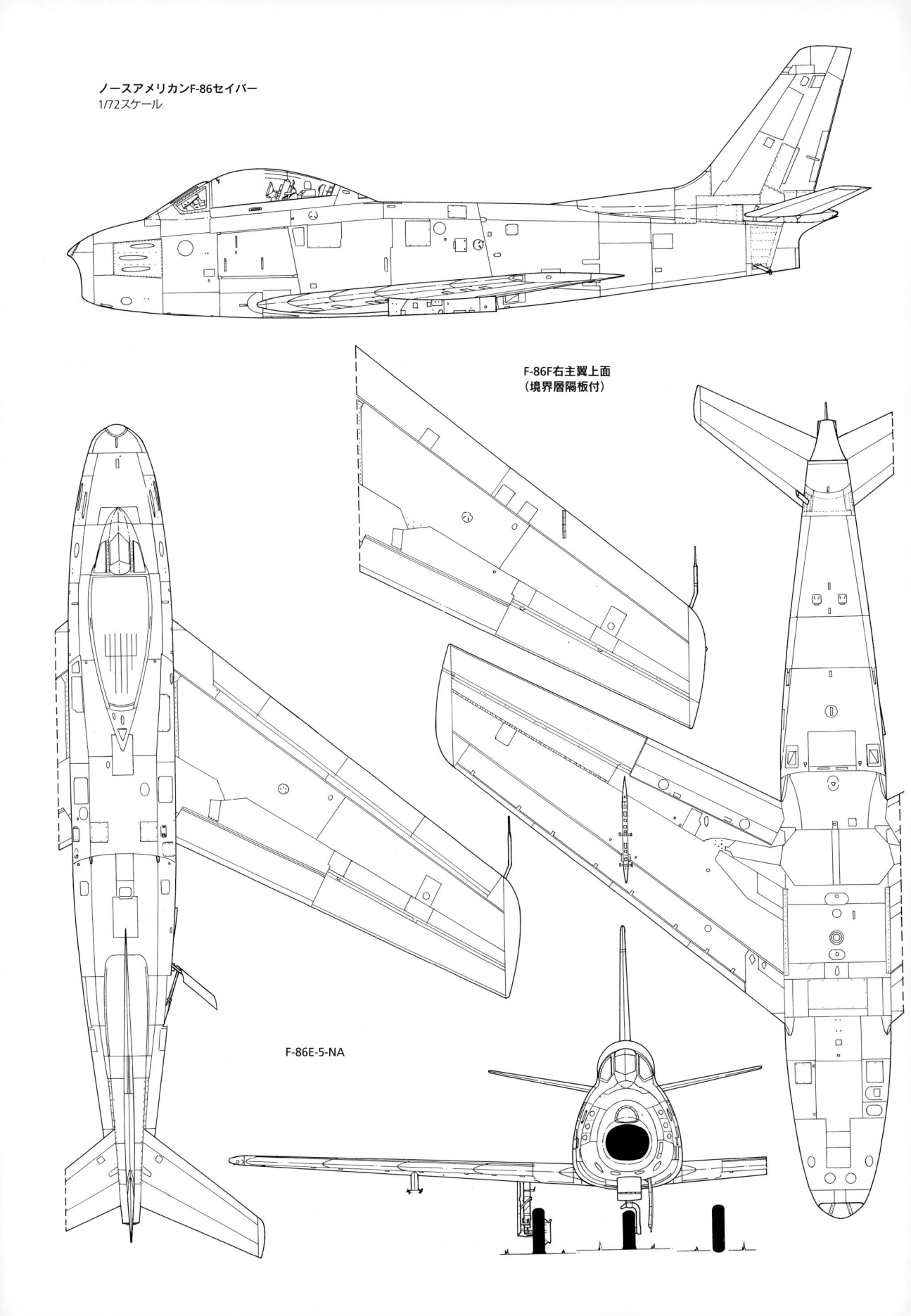

ノースアメリカンF-86セイバー
1/72スケール

F-86F右主翼上面
(境界層隔板付)

F-86E-5-NA

F-86E-5

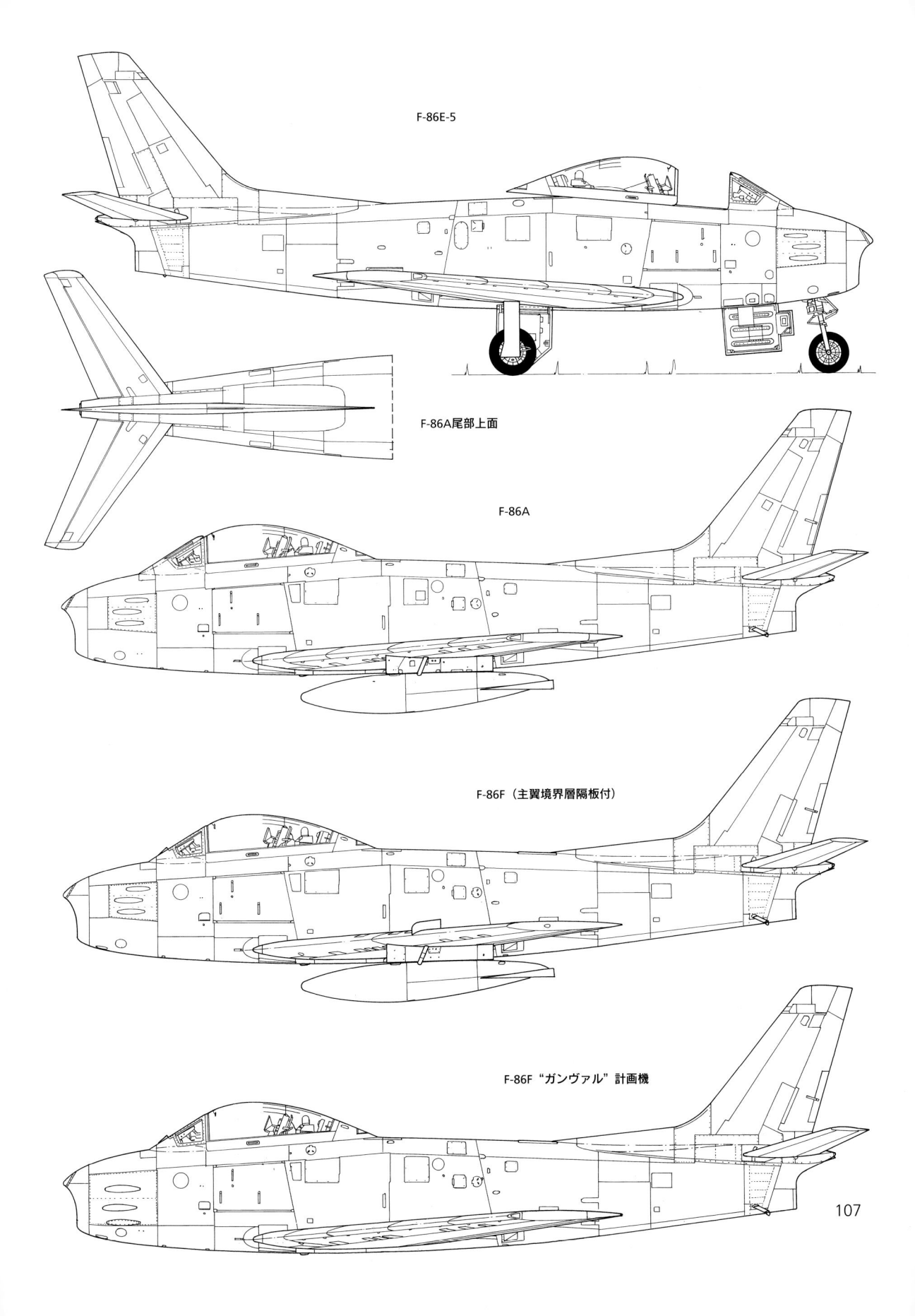

F-86A尾部上面

F-86A

F-86F（主翼境界層隔板付）

F-86F "ガンヴァル" 計画機

のエースのひとりで、朝鮮戦争前にジェット戦闘機の戦術開発に携わり、F-86で速度記録を打ち立てたジェット機のパイオニアのひとりであった。

20
F-86E-10-NA 51-2767 「ザ・チョッパー（THE CHOPPER）」
第4迎撃戦闘航空団 第336迎撃戦闘飛行隊
フェリックス・アスラ・Jr少佐
1952年の夏、第336迎撃戦闘飛行隊にはサメの口を描いたF-86が数機あり、フェリックス・アスラ・Jrの乗機はそのなかでも控えめに塗られた1機である。彼は戦争終結まで4機を撃墜（機体には8つの赤い星が描かれていた！）、その最初の1機は第334迎撃戦闘飛行隊に所属されていた時の戦果だった。

21
F-86E-10-NA 51-2800 「エル・ディアボロ（EL DIABLO）」
第4迎撃戦闘航空団 第336迎撃戦闘飛行隊
チャールズ・D・オーエンズ大尉（後に少佐）
本機の撃墜マークは楽観的なもので、オーエンズの撃墜がわずか2機しか公認されていない事実を隠してしていた。[操縦席下方]に数多く描かれたトラックと戦車のマークは、2個戦闘爆撃航空団をF-86に機種転換する前から一般的になっていた地上掃射に、彼が精力を傾けていたことを示すといえよう。

22
F-86A-5-NA 49-1175 「ポールズ・ミグ・キラー（PAUL'S MIG KILLER）」 第4迎撃戦闘航空団
第336迎撃戦闘飛行隊 ジョーゼフ・E・フィールズ中尉
ジョー・フィールズはチャック・オーエンズの乗機よりもさらにけばけばしく飾り立てた機体に搭乗した。彼の機体には飛行隊のバッジと巨大なサメの口を描いてあるが、このサメの口は朝鮮戦争でセイバーに描かれたものの中でおそらく一番大きいだろう。サメの口のマーキングは朝鮮戦争の初期にはF-80やF-51によく見られた。しかしながら、このような"凶暴な"マーキングを施した機体が不時着した場合に、パイロットが非友好的な歓迎を受けるのではないかという恐れと、地元住民の感情を考慮して、このマーキングは除かれた。

23
F-86E-10-NA 51-2740 「ギャビー（GABBY）」 第51迎撃戦闘航空団司令 フランシス・S・ガブレスキー大佐
フランシス・ガブレスキー大佐は第51迎撃戦闘航空団を気迫と闘志で率いたが、必ずしも規則に忠実ではなかった。たとえば、彼が始めた"メイプル・スペシャル"飛行任務は、規則を破って旧満州内まで敵を追撃するものだった[交戦規則は国境を越えての追撃を禁止していた]。これらは水原のお偉方[水原には上部組織の第5空軍司令部があった]には秘密にされ、もっとも経験豊かなパイロットだけが秘密の輪のなかにいた。ガブレスキー自身のF-86は彼のあだ名の下に紫煙をあげている葉巻を描いていた。彼は6.5機撃墜のうち、数機をウエスコットの「レディ・フランシス」であげていた。

24
F-86F-10-NA 51-12950 「ミッチズ・スクウィッチ（Mitch's Squitch）」 第51迎撃戦闘航空団司令
ジョン・W・ミッチェル大佐
ミッチェルのF-86は第39迎撃戦闘飛行隊の黄色いストライプを尾翼につけているが、機首の細い赤黄青の帯は3個飛行隊が彼の指揮下にあることを示していた。彼は第二次大戦であげた11機の撃墜に4機の戦果を加えた。

25
F-86E-10-NA 51-2756 「ヘラー・バストX世（HELL-ER BUST X）」 第51迎撃戦闘航空団 第16迎撃戦闘飛行隊長 エドウイン・L・ヘラー少佐（後に中佐）
第二次大戦の第8航空軍のエースでベテランでもあるヘラーは、何機かのF-86に搭乗し、全機に「ヘラー・バスト」と名づけていた。彼は論議を呼ぶリーダーで、可能な限り規則を拡大解釈し、鴨緑江の北に侵入することへの制限に十分な注意を払わなかった。[第二次大戦での戦果は空戦では5.5機、地上撃破16.5機]

26
F-86E-10-NA 51-2738 「フォー・キングズ・アンド・ア・クィーン（FOUR KINGS & A QUEEN）」
第51迎撃戦闘航空団 第16迎撃戦闘飛行隊
セシル・フォスター中尉（後に大尉）
フォスターは朝鮮戦争で9機を撃墜したエースであるが、このF-86Eに搭乗した。当初、本機を「スリー・キングズ」と名づけたが、4番目の息子が生まれると「フォー・キングズ・アンド・ア・クィーン」と改名した。第16迎撃戦闘飛行隊は朝鮮戦争での就役期間が長いF-86飛行隊の間では戦果の一番少ない部隊で、わずか85機しか撃墜していない。

27
F-86E-1-NA 50-631 「ドルフス・デヴィル（DOLPH'S DEVIL）」 第51迎撃戦闘航空団
第16迎撃戦闘飛行隊 ドルフィン・D・オーバートンⅢ世
ドルフィン・オーバートンは、1953年1月に服務期間が終わりに近づいた時に、4日連続で5機を撃墜（全機がMiG-15）して、ぎりぎりでエースリストに名を連ねた。彼は第51迎撃戦闘航空団に移る前に、F-84で第49戦闘爆撃航空団、第8戦闘爆撃飛行隊に勤務、飛行任務102回をこなしていた。

28
F-86E-10-NA 51-2731 「イヴァン（IVAN）」
第51迎撃戦闘航空団 第25迎撃戦闘飛行隊
イヴァン・キンチェロ中尉（後に大尉）
キンチェロは後年、高名なテスト・パイロットになる。機名は彼の名前を書けばIvenであるものを、この綴りを普通Ivanと書くのが慣習なので、eをaにしたものである。彼は空戦で5機を撃墜（さらに3機を地上撃破）、羨望の的であるエースの座に到達した。

29
F-86F-1-NA 51-2890 第51迎撃戦闘航空団 第25迎撃戦闘飛行隊 ヘンリー・「ハンク」・バトルマン中尉
朝鮮に配属されていたセイバーのうちの一握りだけが、戦争終結前に機首に新制の"US AIR FORCE"の文字を描いた。この文字は公式には1953年6月から新規生産機に適応され、就役中の機体への適応は完了までに数カ月を要した。バトルマンは23歳で7機を撃墜、朝鮮戦争のエースでは最年少だった。

30
F-86E-10-NA 51-2735 「エレノア・E（Elenore E）」
第51迎撃戦闘航空団 第25迎撃戦闘飛行隊
ウィリアム・T・ホイスナー少佐
ホイスナーは第二次大戦でのドイツ機撃墜5機の戦果に、朝鮮戦争で5.5機の撃墜を追加した。彼の乗機は後に第51迎撃戦闘航空団に所属するセイバーほとんど全機の尾翼に施された市松模様の飾りがない。第25迎撃戦闘飛行隊は撃墜110.5機をあげ、第51迎撃戦闘航空団を構成する3個飛行隊中、最高の成績をあげた。

31
F-86E-10-NA 51-2746 「レディ・フランシス／ミシガン・

センター（LADY FRANCES/MICHIGAN CENTER）」
第51迎撃戦闘航空団　第25迎撃戦闘飛行隊
ウィリアム・ウエスコット少佐
ウエスコットの乗機「レディ・フランシス」には、ガブレスキーが搭乗して撃墜をあげたこともある。ウエスコットは撃墜5機のうちの数機を本機であげている。「ミシガン・センター」はセイバーの右側面に書かれていた。

32
F-86F-30-NA　52-4584　「ミグ・マッド・マリン／リン・アニー・ディヴⅠ世（MIG MAD MARINE/LYN ANNIE DAVE Ⅰ）」　**第51迎撃戦闘航空団　第25迎撃戦闘飛行隊**
アメリカ海兵隊ジョン・グレン少佐
第25迎撃戦闘飛行隊には幾人かの交換隊員が配属されていたが、一番有名なのはジョン・グレンだ。このような交換勤務は故意に彼らに5機撃墜達成するのを妨げるという意見があった。未確認ながら、アメリカ空軍は自軍のパイロットが栄光を得ることを好んだという。グレンは撃墜3機をセイバーであげ、搭乗機の大きくて派手な愛称に相応しいことを立証した。ただし、これらの撃墜はアメリカ空軍の公式記録には載っていない。

33
F-86E-1-NA　50-649　「アーント・ミューナ（AUNT MYRNA）」**第51迎撃戦闘航空団**
第25迎撃戦闘飛行隊　ウオルター・コープランド中尉
コープランドは1機を乗機の「アーント・ミューナ」で撃墜、朝鮮戦争で第25迎撃戦闘飛行隊が残した110.5機撃墜記録に寄与した。第25迎撃戦闘飛行隊は本航空団での最高撃墜記録保持隊であることはさておき、本飛行隊は朝鮮戦争での最後のMiG撃墜を遂げている。このミグはサム・ヤング少尉の機銃の前に力尽きた。

34
F-86F-1-NA　51-2910　「ビューティアス・ブッチⅡ世（BEAUTIOUS BUTCH Ⅱ）」　**第51迎撃戦闘航空団　第39迎撃戦闘飛行隊　ジョーゼフ・M・マッコーネル中尉**
撃墜数ではロシアのMiG-15パイロットの2人だけに下回るマッコーネルは、国連軍の"エースのなかのエース"であり、第5航空軍でのMiG撃墜レースではライバルのジャバラとフェルナンデスをすばやく抜き去って、トップの座についた。彼は数機のセイバーに搭乗したが、少なくとも3機が「ビューティアス・ブッチ（Beautious Butch）」と命名されていた。最後の乗機51-2910は、急降下するMiGの赤いシルエットで撃墜を表すマーキングが施されていたが、16機目の撃墜でPR用に塗り直された時に撃墜マークは赤い星に変わった。愛称の綴りも同時に「Beauteous Butch Ⅱ」と変わった。

35
F-86F-10-NA　51-12958　「ザ・ペーパー・タイガー（the PAPER TIGER）」　**第51迎撃戦闘航空団**
第39迎撃戦闘飛行隊
ハロルド・E・フィッシャー中尉（後に大尉）
ハロルド・フィッシャーはF-84からF-86に乗り換えると速やかに腕のよいパイロットとなり、1953年4月に中国上空で落とされるまでに10機を撃墜、朝鮮戦争での第25番目のジェット機エースとなった。彼の乗機にはマッコーネルと同じく急降下するMiGのシルエットで撃墜を表すマーキングがつき、また、通常、第25迎撃戦闘飛行隊のタイガー小隊を連想させるサメの口のマーキングも描かれていた。

36
F-86F-10-NA　51-12940　「ミグ・マッド・メイヴィス（MIG MAD MAVIS）」　**第51迎撃戦闘航空団**
第39迎撃戦闘飛行隊長　ジョージ・I・ラッデル中佐
機首に3本の"コマンド・ストライプ"を巻いた「ミグ・マッド・メイヴィス」は、第39迎撃戦闘飛行隊長のジョージ・ラッデル中佐の乗機である。彼は最終的には8機撃墜を遂げ、人望があり有能な隊長であることを立証した。

37
F-86F-1-NA　51-2852　「ダーリン・ドッテイー（DARLING DOTTIE）」　**第51迎撃戦闘航空団**
第39迎撃戦闘飛行隊　米海兵隊ジョン・F・ボルト少佐
ジョン・ボルトは第115海兵戦闘機中隊で89回の飛行勤務をこなしたグラマン・パンサーのベテラン・パイロットだったが、朝鮮戦争中に部隊から数人の同僚とともに選ばれて第39迎撃戦闘飛行隊に勤務した。彼はこのF-86に搭乗、第二次大戦の撃墜6機に新たに6機の戦果を加え、この戦争での米海兵隊唯一のエースとなった。

38
F-86F-1-NA　51-2897　「ザ・ハフ（THE HUFF）」
第51迎撃戦闘航空団　第39迎撃戦闘飛行隊
ジェイムズ・L・トンプソン中尉
朝鮮戦争でもっとも色鮮やかに飾られたセイバーは、おそらくジェイムズ・トンプソン中尉の「ザ・ハフ」だ。本機の竜のモチーフは、伝えられるところによると、特に操縦が巧みだったされる敵のMiG-15に見られた同様の飾りにヒントを得たという。トンプソンは、1953年5月と6月にMiG-15を1機ずつ撃墜している。

39
F-82G-NA　46-383　**第68全天候戦闘飛行隊**
ウィリアム・「スキーター」・ハドソン中尉およびカール・フレイザー中尉
1950年6月27日、46-383機の搭乗員は韓国の金浦空港上空を他の3機のF-82Gと昼間戦闘空中哨戒中に、北朝鮮のヤコヴレフ戦闘機の1隊に襲われた。ハドソンとフレイザーは速やかに形勢を逆転し、灰色に塗られたYak-7U（記号C6がついていたという）を撃墜した。そのパイロットは脱出したが、後席の搭乗員は脱出しようともしなかった。

40
F-94B-5-LO　51-5449　**第319迎撃戦闘飛行隊**
ベン・フィチアン大尉およびサム・R・リオン中尉
F-94による戦果は4機あるが、そのうちの1機はいささか悲劇的であった。つまり、F-94はPO-2 1機を撃墜するのだが、追跡するF-94は軽量複葉機にまっすぐに突っ込んで、両機は破壊され、双方の搭乗員も死亡した。
［この戦闘は1953年5月3日早朝のスタントン・G・ウィルコック中尉組のことで、低空を飛ぶPO-2を撃墜するため、F-94は180km/hまで速度を落としたという。「スプラッシュ（撃墜）」という声が聞こえ、その直後に地上レーダーから姿を消した。この"事故"の後、第5空軍はF-94の高度600m以下あるいは速度260km/h以下での交戦を禁じた。本書第四章を参照］

41
F-51D-30-NT　45-11736　**第18戦闘爆撃群**
第12戦闘爆撃飛行隊　ジェイムズ・グレッスナー中尉
第12戦闘爆撃飛行隊はサメの口を所属機に描いた。このジェイムズ・グレッスナー中尉搭乗機もその1機。彼は本機で1950年11月2日にYak-9を1機撃墜した。

42
F-51D-30-NA　44-75728　**第18戦闘爆撃群　第67戦闘爆撃飛**

行隊　アーノルド・「ムーン」・ムリンズ少佐
本機はアーノルド・ムリンズ少佐の搭乗したF-51Dで、風防の下の4つの星は4機破壊（1機は空戦で、3機は地上で）を示す。

43
F-86F-30-NA　52-4341　「ミグ・ポイゾン（MIG POISON）」
第18戦闘爆撃群　第67戦闘爆撃飛行隊
ジェイムズ・P・ハガーストロウム少佐
第18戦闘爆撃群がF-51Dマスタングから F-86Fへ機種転換したときに、第4迎撃戦闘航空団と第51迎撃戦闘航空団から幾人かのベテラン・パイロットがジェット機への転換を手助けするために転属した。それらのひとりがハガーストロウム少佐で、彼は第4迎撃戦闘航空団で撃墜した2機に撃墜6.5機を加えた。赤く塗られた空気取入口は第18戦闘爆撃群のセイバー固有のマーキング。

44
F-84E-25-RE　51-493　第27護衛戦闘航空団
第523護衛戦闘飛行隊　ジェイコブ・クラット・Jr中尉
第27戦闘護衛団はSAC（戦略航空軍）所属部隊で長距離護衛を任務としていたが、朝鮮にF-84Eで派遣され、いささか不慣れな近接地上支援任務に従事することになった。F-84パイロットの幾人かは空戦で勝利を収めたが、クラットの成績がもっともよく、2機のMiG-15とレシプロのヤコヴレフ1機を撃墜した。
［予定された爆撃機護衛任務にはミグが相手では歯が立たなかったので、近接支援任務に廻されたのが真相だった］

45
B-29B-60-BA　44-84057
「コマンド・ディシジョン（COMMAND DECISION）」
沖縄　嘉手納基地配属　第19爆撃群（中型）第28爆撃隊
B-29は、朝鮮戦争でセイバーに続いで2番目に撃墜戦果が多い国連軍機で、本機の銃手たちは実際にMiG計5機の公認戦果をあげ、B-29をエースとした！　ビリー・ビーチ軍曹は2機の撃墜、ノーマン・グリーン二等軍曹とチャールズ・サマーズ二等軍曹は協同でで2機、ミカエル・マルツーチャ三等軍曹は5機目を撃墜した。「コマンド・ディシジョン」は朝鮮戦争で使用されたB-29の典型で、胴体下部に急いで施された黒の塗装が前部胴体の「USAF」の文字を隠している。機体には右側面機首に愛称とディズニーの7人の小人のうちの2人を描いたノーズアートが描かれている。

46
F4U-5N　BuNo124453　「アニー・モー（ANNIE MOO）」
空母「プリンストン」から陸上基地平沢（ピョンタク；K-6）へ派遣　第3軍混成飛行隊
ガイ・「ラッキー・ピエール」・ボーデロン大尉
ボーデロンはこの戦争でのセイバー乗り以外で唯一のエースで、彼のニックネームの「ラッキー・ピエール」通りであった。ボーデロンは、アメリカ海軍のF4U-5Nパイロットで有望で（経験豊か）な者のうちから、特に「ベッドチェック・チャーリー」夜間襲撃機を狩るために、コルセア2機と陸上基地に派遣される幸運な息抜きを得た。グロッシー・ミッドナイトブルーに塗られたボーデロンのコルセアは、すべての白いマーキングを目立たないようにと薄い上塗りがなされた。
［ベッドチェック・チャーリーとは朝鮮戦争でのスラング。夜間、小型爆弾を投下して睡眠を妨げるレシプロ小型夜間爆撃機を不寝番当直になぞらえ、通常はロシア製のポリカフポフPo-2複葉機を指す。これらの襲撃は被害より地上員の士気に影響を与えると評価され、撃墜するのにジェット戦闘機では速度がありすぎるので、レシプロ戦闘機が駆り出された］

47
F9F-2　（BuNo不明）　空母「バリーフォージ」
第51海軍戦闘飛行隊　レナード・ブログ大尉
海軍は小さな戦果マークと飛行任務のマーキングを描くのを認可したが、個々の機体の愛称やノーズアートを描くのを許可せず、この規則は遵守された。部隊は所属機の機首、エンジンのカウリングと増槽（あるいは増槽だけ）には模様を描くのを許されたが、全部が実施したわけではなかった。本図はレナード・ブログが1950年7月3日に僚機のE・W・ブラウン少尉とともにヤコヴレフ機を撃墜した時の乗機。

48
F9F-2　（BuNo不明）　空母「オリスカニー」
第781海軍戦闘飛行隊　J・D・ミドルトン中尉
1952年11月18日の異例な事件により、ミドルトンと彼の僚機のE・R・ウィリアムズ大尉はMiG各1機の撃墜、D・M・ローランド少尉は3機目の撃破を公認された。これは当時、敵機が（名目上の北朝鮮機でなく）ウラジオストック近くの基地から出撃してきたソ連のMiG-15との日本海での交戦だったことから、海軍によって内密に伏せられた。
［ソ連機が米空母艦に接近しての空戦。ロシア人のパイロットがMiG-15に搭乗して交戦しているのは公然の秘密だったが、ソ連は参戦国ではなかったので、公にはできなかった］

49
FG-1D　（F4U-4）　BuNo92701
第312海兵戦闘飛行隊　ジェス・フォルマー大尉
1952年9月10日、フォルマーは彼とその僚機を攻撃してきた2機のMiG-15のうちの1機を撃墜することができたが、さらに4機のMiGに攻撃された時に撃墜されてしまった。彼のこのF4U（撃墜されたときの搭乗機ではない）は急降下するMiG-15 1個のシルエットで飾られている。

50
F4U-5N　BuNo123180
第513海兵夜間戦闘飛行隊　ジョン・アンドレ大尉
ジョン・アンドレは1952年6月7日の撃墜で、第二次大戦の撃墜4機に1機を加えた。こうして彼はエースとなった。

51
F7F-3N　（BuNo不明）　第513海兵夜間戦闘飛行隊
E・B・ロング大尉およびR・C・バッキンガム准尉
タイガーキャットは主に夜間阻止任務に使用されているが、同時に「ベッドチェック・チャーリー」による不愉快な攻撃を防止するための夜間戦闘空中哨戒も実施した。ロングは、1951年7月1日、金浦近くでPo-2を1機撃墜、この戦争でのアメリカ海兵隊の最初の夜間撃墜（同時にタイガーキャット初の勝利）をあげた。

52
F3D-2　（BuNo不明）　第513海兵夜間戦闘飛行隊
ウィリアム・ストラットン少佐および
ハンス・ハグリンド一等軍曹
スカイナイトは1952年まで戦争に投入されなかったが、6機のMiG-15を含む7機を撃墜して、非常に有能であることを立証した。これらの成功は主として、機体が搭載している3つのレーダーによった。セットの内訳は、砲の射距離とロックオン用のAN/APG-26、15マイル［24km］まで探査できるAN/APS-21、4マイル［6km］の探査範囲をもつAN/APS-28後方警戒レーダーである。スカイナイトによる最初の撃墜は、1952年11月2日にビル・ストラットンによって達成された。

53
ホーカー・シーフューリー　FB.Mk11　英国海軍航空隊
空母「オーシャン」　第802飛行隊
ピーター・「ホウギィ」・カーマイケル中尉
カーマイケルの1952年8月9日の勝利は、レシプロ戦闘機による最初のMiG-15撃墜であり、英国人パイロットが自国国機に搭乗してあげた唯一の公認撃墜だった。
[カーマイケルの乗機のシリアルナンバー／コードは、1966年にはVR943/232としていたが、現在では本文第4章にあるとおり、WJ232/114だとされている]

54
グロスター・ミーティア　F.Mk 8　A77-17
「ボール・ゼム・オーヴァー！（BOWL 'EM OVER！）」　オーストラリア空軍第77飛行隊
ブルース・ゴーガリィ中尉
「ボール・ゼム・オーヴァー」はゴーガリィに割り当てられた機体であるが、しかし、1951年12月1日に彼がMiG-15を撃墜した叙事詩的な戦闘での乗機ではなかった。撃墜時には、彼はボブ・ターナーのA77-15、愛称「エリャーナ（Elyana）」に搭乗していた。ミーティアによる2機目の撃墜は1952年5月8日にビル・シモンズ少尉によって達成された。

55
グロスター・ミーティア　F.Mk 8　A77-851「ヘイルストーム（HALESTORM）」　オーストラリア空軍第77飛行隊
ジョージ・ヘイル軍曹
1953年3月27日、ヘイルは平壌‐シンゴサン間で道路沿いの目標へ地上掃射任務を遂行中に歴史的な撃墜をあげた。帰還後、ヘイル機の銃口の周囲に残るすすに「ミグ・キラー」と走り書きがされた。

56
MiG-15　925　第196戦闘機連隊指揮官
エフゲーニイ・ペペリャーエフ大佐
エフゲーニイ・ペペリャーエフは朝鮮戦争でのトップエースで、彼は108回の戦闘飛行任務で撃墜23機をあげた。ペペリャーエフは朝鮮戦争に参加したソビエトの部隊でもっとも戦果をあげた第196戦闘機連隊の指揮官だった。本部隊は第324戦闘飛行師団を構成する2つの連隊のひとつで、第二次大戦のエース、イワーン・コジェドゥーブが司令だった。

パイロットの軍装　解説
figure plates

1
第51迎撃戦闘航空団　第25迎撃戦闘飛行隊の中尉
1952年夏　水原基地
陸軍の作業服に戦闘靴を履用。パイロットは袖にUSAAFのパッチが印刷されている古い陸軍航空隊のオリーヴドラブの飛行ジャケットを着用している。階級章は飛行隊色の赤の野球帽につけており、これらは戦争が長引くにつれて前線基地で大変にはやったスタイル。朝鮮戦争のアメリカ第10位のエース、キンチェロ大尉は、しばしば多くの点で本図に似た服装をして写真に撮られている。

2
第4迎撃戦闘航空団　第334迎撃戦闘飛行隊のマニュエル・「ピート」・フェルナンデス大尉　1953年春
将校用の標準軍用帽を被り、規定のブルーのスーツに夏用の薄い官給飛行ジャケットを着用している。ジャケットの右胸には大きな第334迎撃戦闘飛行隊の「拳闘する鳩」のパッチを縫いつけ、個人用としている。これに加えてフェルナンデスの第334迎撃戦闘飛行隊への忠誠心を物語るのは、首に適切な色のスカーフをゆるく結んでいることだ。また、彼は使い古したブローガン・シューズ［足首までの高さの粗革製の労働靴］（この靴は、非公式であるが夏期には人気があった）を履き、同時に手には飛行ヘルメットとメイ・ウェスト［救命胴衣］をもっている。

3
第51迎撃戦闘航空団　第39迎撃戦闘飛行隊のハロルド・「ハル」・フィッシャー大尉　1952年後期　水原基地
彼はピート・フェルナンデスの図に似た正規に支給される服装をしているが、官給の将校用の軍帽の替わりに駐屯帽、別名・舟形略帽に大尉の線章をピンで止め、この線章は飛行スーツの衿にもつけられている。第51戦闘迎撃、第39迎撃戦闘飛行隊に配属されたフイッシャーは、独特な黄色の胴衣を縛り、腰と足にGスーツを、背中にかさばったパラシュート・パックを背負っている。

4
海兵隊唯一のエース、第51迎撃戦闘航空団
第39迎撃戦闘飛行隊のジョン・F・ボイド少佐　1953年6月
朝鮮戦争末期に出現したエースのひとり、ジョン・F・ボイド少佐は、また、三年間の戦争の間に海兵隊員でエースの座を獲得した唯一のパイロットである。もっとも、彼はエースとなるのに必要な撃墜数を稼ぐのに、まず、セイバーの部隊に転属しなければならなかったが。第51迎撃戦闘航空団、第39迎撃戦闘飛行隊に配属されたボイドは、アメリカ空軍部隊へきたにもかかわらず、まだ海兵隊の制服を、つまり、「フォレストグリーン」（濃い黄色がかった緑色）のつなぎと、海軍支給のA-2レザー・ジャケットを着用している。

5
第196戦闘機連隊指揮官
エフゲーニイ・ペペリャーエフ大佐　1951年後半
エフゲーニイ・ペペリャーエフは朝鮮戦争でのトップエースである。ここでは、彼は革の飛行ジャケットを含む標準のソビエト空軍官給制服を着用している。通常、パイロットはこの基本服装であらゆる天候を飛行せねばならなかった。理由は、MiG-15の狭苦しい操縦席では毛皮の裏地がついた飛行服の着用が妨げられたからだ。目立つ階級襟章や部隊章は見られないが、彼の帽子は赤軍正規将校のものに非常によく似ている。

6
ホーカー・シーフリー搭乗のミグ・キラー　英海軍航空隊
第802飛行隊のピーター・「ホウギィ」・カーマイケル中尉
1953年半ば　空母「オーシャン」
朝鮮戦争でもっとも有名な英国人パイロットはピーター・「ホウギィ」・カーマイケル中尉である。彼は謙虚なシーフュリーFB.Mk11 "乗り" で、1952年半ばに空母「オーシャン」に搭載されていた第802飛行隊に配属されていた。肩章をつけたライトブルーの英国空軍標準スタイルのつなぎを着用し、メイ・ウエストを着ている。カーマイケルは手に "ボーン・ドーム"［航空搭乗員用ヘルメット］をしっかりつかみ、頭には "エレクトリック・ハット" を被っている。後者はヘッドフォンを内蔵し、当時の基本飛行ヘルメットの下に被れるほど薄いスカルキャップ［頭部のみをおおう小さな帽子］であった。
［エレクトリック・ハットは英国海軍航空隊のスラングで、消火作業訓練を受けた航空機操作部員用帽子とヘッドフォン］

◎筆者紹介 | ロバート・F・ドア　Robert F Dorr

航空史研究家。米国務省外交局員の勤務の傍らアメリカ空軍史や空軍機に関する40冊以上の著作を発表している。ベトナム戦争に関するものが多いが、朝鮮戦争では空軍に勤務したことがあるという。朝鮮戦争に関しては、本書の共著者のウォーレン・トンプソンと一緒に、本書出版後、朝鮮戦争航空戦史『The Korean Air War』を1994年に出版した。

◎筆者紹介 | ジョン・レイク　Jon Lake

第二次大戦の「バトル・オブ・ブリテン」から現用機まで幅広い著作を出版しているベテラン航空ライターで、『World Air Power Journal』などの雑誌にも寄稿。オスプレイ社からは1機種ごとに部隊と戦歴をまとめたCombat Aircraftシリーズで『Lancaster Squadrons 1942-1943』などを執筆している。

◎筆者紹介 | ウォーレン・トンプソン　Warren Thompson

30年以上にわたって朝鮮戦争のベテランたちにインタビューし、カラー写真を収集している、この分野で著名な航空史研究家。朝鮮戦争航空戦に関する記事を雑誌に寄稿、また、この戦争の航空戦の写真集を1991年より出版し始めた。オスプレイ社からは、Frontline Colourシリーズで、彼の朝鮮戦争写真コレクションの集大成を8冊にまとめる予定。1999年から刊行が開始され、現在6冊まで出ている。

◎訳者紹介 | 藤田俊夫（ふじたとしお）

1938年生まれ。中央大学精密工学科卒業。工作機械メーカーに就職、設計に携わり、1996年退社。在学中の1960年より航空専門月刊誌『航空情報』『航空ジャーナル』『航空ファン』『エアワールド』の本誌／臨時増刊／別冊を中心に航空機史／航空史／航空洋書紹介を執筆。本シリーズでは『第8航空軍のP-51マスタングエース』（大日本絵画刊）の翻訳を担当。航空ジャーナリスト協会会員他。

オスプレイ軍用機シリーズ 38

朝鮮戦争航空戦のエース

発行日	2003年10月10日　初版第1刷
著者	ロバート・F・ドア ジョン・レイク ウォーレン・トンプソン
訳者	藤田俊夫
発行者	小川光二
発行所	株式会社大日本絵画 〒101-0054 東京都千代田区神田錦町1丁目7番地 電話：03-3294-7861 http://www.kaiga.co.jp
編集	株式会社アートボックス
装幀・デザイン	関口八重子
印刷／製本	大日本印刷株式会社

©1995 Osprey Publishing Limited
Printed in Japan
ISBN4-499-22817-4　C0076

Korean War Aces
Robert F Dorr, Jon Lake and Warren Thompson
First published in Great Britain in 1995,
by Osprey Publishing Ltd, Elms Court, Chapel Way,
Botley, Oxford, OX2 9LP. All rights reserved.
Japanese language translation
©2003 Dainippon Kaiga Co., Ltd.

ACKNOWLEDGEMENT
The editor duly acknowledges the help given to the artists by Larry Davis, and would like to thank Jerry Scutts, Tony Fairbairn and Richard Riding for furnishing additional photographs.